青春，与七个自己相遇

王博 著

中国华侨出版社

图书在版编目(CIP)数据

青春,与七个自己相遇 / 王博著. —北京:中国
华侨出版社,2013.6

ISBN 978-7-5113-3689-7

Ⅰ.①青… Ⅱ.①王… Ⅲ.①成功心理–青年读物
Ⅳ.①B848.4–49

中国版本图书馆 CIP 数据核字(2013)第125539 号

青春,与七个自己相遇

著 者 /	王 博	
责任编辑 /	棠 静	
责任校对 /	孙 丽	
经 销 /	新华书店	
开 本 /	870 毫米×1280 毫米 1/32 印张/8 字数/160 千字	
印 刷 /	北京建泰印刷有限公司	
版 次 /	2013 年 8 月第 1 版 2013 年 8 月第 1 次印刷	
书 号 /	ISBN 978-7-5113-3689-7	
定 价 /	28.00 元	

中国华侨出版社 北京市朝阳区静安里 26 号通成达大厦 3 层 邮编:100028

法律顾问:陈鹰律师事务所

编辑部:(010)64443056 64443979
发行部:(010)64443051 传真:(010)64439708
网址:www.oveaschin.com
E-mail:oveaschin@sina.com

前言

青春？网络上很多人喜欢将它写成"青葱"！

青春是一段美妙的过程，这里有太多的美好和理想，我们可以在这里任意放飞自己的翅膀。青春里有隔壁班的女孩，青春里有邻家的大男孩，青春里有球场上的跌倒，青春里有不放弃的奔跑……每个人的青春都是一段绚丽的篇章，就像是一段交响乐，用自己的双手轻按在键盘上，然后奏出属于自己的、绚丽的乐章。

青春里的故事一箩筐都装不完。人总是喜欢将自己青春的故事，倒在阳光下的地面上，然后跷起兰花指，一个一个数过。没有人统计过到底是快乐的故事大于悲伤，还是悲伤的故事多于快乐，但肯定的一点是，属于青春的故事本来就很多很多，多到数也数不清楚，更像是一部演不完的连续剧。青春里的故事能风干后下酒，青春里的故事也能够晾晒在外婆的花衣裳旁；青春里的故事可以讲给最好的朋友听，青春里的故事也可以留在自己的心底一个人慢慢欣赏……如果谁丢弃了自己青春的故事，那真的需要回过头来，好好找一找。

每个人的青春不一样，每个人青春里的故事也不一样。但，青春故事里的主人公都一样，每个人青春故事的主人公就是我，就是自己。只不过这个我，时而是明媚的，时而是宽容的，时而是倔强的，时而是冒险的，时而是华丽的，时而是柔软的，时而也是成长的……

我们青春故事里到底有几个"我"，这几个我到底做了些什么，又发生过什么稀奇古怪的事情？或许这是一个谜，因为它只能在我们自己的世界里；也或许这是一段传奇，因为它缔造了独一无二的"我"。

其实，青春里，我们总能与自己相遇。

目录

辑一 >>>

与明媚的自己相遇

——绽放的鲜花总因阳光而娇艳

生活在这个世界上的每个人，都是上帝的宠儿。上帝在为他关上一扇门的同时，也会为他打开一扇窗。其实从这扇窗望过去，会看到高山，会看到流水，会看到鲜花，会看到美丽，这里就是一个人欣赏世界的地方，这里就是一个人发现美妙的地方。每个人都是上帝的宠儿，每个人都能够让自己的魅力绽放。

信念，会看到前路的希望

　　美国有位著名的成功学家拿破仑·希尔
（Napoleon Hill），此人在人际学、创造学和成功
学等方面都颇有造诣，同时也是一位非常著名的
励志大师。

　　拿破仑·希尔早年在做研究的时候，归纳和
总结了 17 条最有价值的能够提升一个人自信心
的定律。

　　拿破仑·希尔曾经和一群学生一起做了一个
有趣的实验，他问这些学生说："你们谁认为在
三十年内我们能够废除监狱？"学生们都认为他
的这种设想不可能达到，于是很多人都说："这
是不可能的事情，如果出现这种情况，那么我们
的正常生活就会受到威胁，到那个时候天天都会

发生犯罪。"

拿破仑·希尔对他们说："你们都看到了不能废除的原因，但是我们现在假设可以废除，那么我们该怎么做？"于是，学生们开始出谋划策，他们纷纷说："多成立一些青少年活动中心"、"消除贫富差距，从而减少犯罪的概率"、"积极预防，对有犯罪倾向的人进行心理治疗"……到最后，这些学生居然提出了78种设想。

其实通过这个小实验我们可以看到：当我们认定一件事情无法完成的时候，我们的大脑就会为做不到来找理由了；而一旦我们相信一件事情能够成功，那么同样大脑就会帮助我们寻找能够成功的理由。

所以，通过这个小实验我们可以看到，我们需要以一种积极的心态去面对生活，保持一种自信的心态，慢慢地我们就会尝到成功带来的喜悦；假如我们以一种消极的心态去面对生活，那么我们就无法走向成功。世界上虽然有很多天才，但是大部分人都是普通人，所以人们成功的理由更多的是因为他们足够自信、足够努力、对自己的责任思考得足够多。当我们面对挫折或者不如意的时候，不要自暴自弃，更不能怀疑自己做不到，我们可以在各种媒体上读到很多关于普通人成就非凡的故事。我们在失败面前要保持自信，要知道几乎所有人的成功首先都要经历失败的洗礼，而一旦自己在失败面前还能够保持自信，那么他就积累了丰富的经验，同时也更加坚定了自己的信念，他们就会坚持下去，最终走向了成功。

1954 年之前，如果一个人想要在 4 分钟内跑完 1 英里会被人认为是痴人说梦，但是美国运动员班尼斯却坚持认为自己可以做到，他甚至每天早上起来的时候会对自己说："我相信我可以在 4 分钟内完成 1 英里，我相信自己一定可以成功。"于是，他每天都会非常刻苦地训练，虽然刚开始失败了很多次，但是他的信念一直支撑着他。直到 1954 年的时候，他以 3 分 56 秒 6 的成绩跑完了 1 英里，他的成功为我们证实了信念的力量。

但更让人值得回味的是，在班尼斯取得成功之后，不到一年的时间里就有 30 多人同样完成了这个看起来无法完成的任务；而在两年的时间里，总共有 200 多人完成了这个任务。但是，他们已经不能够像班尼斯那样被载入史册了，因为他们没有像班尼斯一样一直坚持，从而第一个完成这个任务。

每个人在走向成功的时候，都要经历一段坎坷和曲折；每一次成功都需要付出代价，都要面对一定的失败。假如在这个过程中自己没有足够的信心，不能够坚持下去，那么他就会成为一个失败者，而且会一直失败下去。如果一个人能够给自己一个必胜的信念，那么在最关键的时刻坚持一下，之后的路就会"海阔天空"。

当我们遭遇挫折和失败的时候，我们应该相信自己可以战胜这些，最终自己可以走向成功。在我们遭遇失败的时候，不要被自己的借口所耽误，不要被各种理由变得摇摆不定，不要被自己的惰性所牵绊……一定要相信自己有足够的能力。虽然我们不能够在所有方面都很优秀，每个人都多多少少存在一些缺陷，比如拿破仑个子就很小、林肯长相普通、罗斯福曾经患过小儿麻痹、丘吉尔身材臃肿等，这些都是他们的缺陷，但是他们并没有因为自己的缺陷而停止成功的步伐，他们一直拥有成功的理念。

在任何时候我们都要坚信自己能够做到，这是一种最有力量的感觉，很多人的成功都是依靠这一点。所以当面对自己缺陷的时候、对自由有怀疑的时候……我们都不要放弃，要用自信的信念去支撑自己，然后耐心寻找成功的机会。就像有人说的，生活的门一直是掩着的，只要你拥有足够的勇气去推开，而其实这个过程并不难。试着推开每一个虚掩着的门，然后走向属于自己的成功。

梦想，插上了成功的翅膀

　　希望的力量足够伟大，即便你现在一无所有，只要你拥有希望，那么相信有一天你会拥有很多，甚至是拥有一切。就像"心若在，梦就在"。

　　英国有一位叫希拉斯·菲尔德的先生，他在退休的时候已经积攒了一部分积蓄，这些足以让他安享晚年了。但是他却有了一个奇怪的想法，他想在大西洋的海底铺设连接欧洲和美国的一条电缆，而这个倔强的老头一旦决定了之后就开始付诸行动。而他面对的前期工作就是先从纽约到纽芬兰圣约翰的长达 1000 英里的电报线路，而且还要建立一条同样长的公路，另外他还要铺设穿越布雷顿角全岛共 440 英里长的线路，再加上铺设跨越圣劳伦斯海峡的电缆，这个工程看起来非常浩大。

但是面对这样的工程，希拉斯·菲尔德并没有放弃，他还是努力奔走，最终在英国政府那里得到了一些资助，不过他的想法还是在议会中受到了一些强有力的反对，最终此方案以一票的优势通过了决议。之后他的工作就开始了，他先是将一条电缆的一头搁在停泊于塞巴斯托波尔港的英国旗舰"阿伽门农"号上，而另一头则在美国海军建造的豪华护卫舰"尼亚加拉"号上，但是仅仅铺设了 5 英里电缆就被弄断了。

巨大的打击并没有击垮希拉斯·菲尔德的信念，因为他有自己的梦想。于是，他开始了第二次试验，而在铺设好 200 英里的时候，电流却中断了，人们都在甲板上焦急地等待着，就在希拉斯·菲尔德准备放弃的时候，电流却奇迹般地恢复了。在晚上的时候，轮船以 4 英里每小时的速度在行进，半夜轮船出现了严重的倾斜，制动机器紧急制动，但是电缆又被弄断了。但是希拉斯·菲尔德还是坚持着，他并不是一个遇到挫折就放弃的人，他重新订购了 700 英里的电缆，同时还请来了一些专家，希望他们能够设计出更好的机器来，从而帮助他完成这次壮举。之后英国两位天才的发明家也加入进来。最终两艘轮船在大西洋上会合了，而电缆也接上了头；之后两艘轮船继续航行，一个往爱尔兰，另一个往纽芬兰，在之后的过程中又多次出现了失败，最后两艘轮船都不得不返回到了爱尔兰海岸。

　　当遇到这种情况之后，很多人都会泄气。同样和希拉斯·菲尔德一起参与的人都感觉很沮丧，他们很多人都准备放弃了。而当时的公众舆论也给了他们很大的压力，投资者同样失去了信心。但是希拉斯·菲尔德还是相信这项任务可以完成，同时他以坚强的毅力和精神感染着大家，使得这个项目没有停止。希拉斯·菲尔德不甘心失败，之后他更加努力，终于让这项任务走向了成功，电缆最终都铺设完成，消息也可以通过海底的电缆传输了，眼看着就要大功告成，但是谁知道此时电流又一次中断了，此时所有的人又一次陷入绝望中，这一次的打击让他们已经无力再站起来了。但是希拉斯·菲尔德始终坚持着，最终他们又找到了一些投资人，买来了质量更好的电缆，然后又一次开始了尝试。这次执行任务的是"大东方"号，刚开始也是一切顺利，但是最后在铺设横跨纽芬兰 600 英里电缆线路时，电缆还是折断了。虽然他们想要打捞，但是还是没有成功，最终他们将这个任务搁置了下来，而一搁置就是一年时间。

　　面对这样的失败，倔强的希拉斯·菲尔德还是没有放弃，在此之后他重新组建了一个公司，并且制造出了一种性能非常优越的新型电缆。在 1866 年 7 月 13 日，希拉斯·菲尔德重新开始尝试，这一次电缆被顺利接通，并且正式发出了第一份横跨大西洋的电报，这份具有划时代意义的电报是这样写的："7 月 27 日，我们晚上九点到达目的地。一切顺利。感谢上帝！电缆都铺好了，运行完全正常。希拉斯·菲尔德。"后来他们又打捞上来了那条之前掉落海底的电缆，将此也重新接好。直到现在这两条电缆还在使用，而且将会继续发挥它们的作用。

其实，通过希拉斯·菲尔德的故事我们可以看到，只要心存梦想，那么就能够让成功离你越来越近。乐观地坚持下去，成功就在向我们招手。

其实一个有理想的人，只要他的进取心还在，那么他的理想终究会成功。就算是他某一个时间阶段处于人生的低谷中，就算是他的前途现在看起来暗淡无光……但是只要自己还有理想，还心存希望，那么就能够面向成功。

人生路上遇到挫折再正常不过了，但是在经过了风雨之后，就会看到美丽的彩虹。所以我们在任何时候都要保持一份乐观的心态，然后朝着自己的理想前进。要知道，失败只不过是生活中的一个小插曲，挫折只是人生的一个阶段，如果我们能够坚持自己的梦想，那么就能够拥抱明天的阳光。

乐观，换一个角度是天堂

马克·吐温说过："幸福就像夕阳——人人都可以看见，但多数人的眼睛却望向别的地方，因而错过了机会。"快乐和幸福一样，拥有快乐的地方，往往就是最值得快乐的地方。

曾经有位商人每次遇到挫折的时候，就会说一句："感谢上帝！"但是他并不是一位教徒，他对别人解释道："我只是感谢上帝给了我又一次了解自己的机会，我在哪里失败过，说明我在这个地方还可以更强大，我一想到自己有一天在这个地方会变得更强，那我就会非常兴奋，从而感谢上帝。"

这位商人很明显是一个拥有乐观精神的人，他总是将挫折看成是认识自己最好的机会，他认为这些挫折可以让他变得更加强大。其实每一个人都是自己的心理医生，如果想要对自己了解更多，那么就需要多观察自己，每时每刻做到反省自己，从而寻找快乐的机会。比如，当你在努力的时候，却发现身旁一个个没有努力的人却率先取得了成功，此时如果你只知道叹息和自暴自弃，那么真的就只能让自己失败了，此时你更应该想想是不是自己什么地方做得还不够好，去改变这些，这样你也会获得成功。

在我们平常的生活中，同样可以看到一个拥有快乐和乐观心态的自己，然后我们要努力将这些变为前进的动力。这样，我们就可以在这个过程中受益。乐观对我们没有任何的伤害，但是不乐观则对我们有很大的影响。

约克教授常碰到这样的情形，研究进行得不顺利，做学生的去求救："怎么办？几个月的心血都毁了！"约克教授通常会花两分钟看看手上的报告，然后拍拍学生的肩，笑着说："事情还不算太糟！"接着和学生出去走走，花两个小时开导学生的心情，于是第二天，学生们又开心地进研究室继续工作。

中国古时候就有"塞翁失马"的故事，其就告诉我们，有时候坏事未必不能变为好事，我们需要乐观去对待这一切。正是因为有了塞翁乐观的心态，所以渴望成功的人才能够在每次失意的时候寻找到值得庆幸的地方，才使得他没有被坎坷的遭遇所打垮，最终每次都能够化危机为转机。

其实，每个人都会遇到各种各样的挫折，我们也有可能遭遇很严重的失败，但是在遇到任何问题的时候，请乐观地去面对，总是换一个角度去考虑问题，或许会发现，我们的情况并不是那么糟糕。而在问题面前悲观根本改变不了任何问题，陷入悲观中的人只能让自己的挫折加剧，其实有时候乐观一点，说不定就能够创造奇迹。

"塞翁失马，焉知非福。"遭遇不幸的时候或许就是命运开始扭转的时候，我们对此更应该以乐观的心态去面对。不要悲观，不要失望，更不要放弃，要知道幸福和快乐，换一个角度就能够看到。

每个人的生活都不是一帆风顺的，凡是在某个方面成功的人都经历过了一段痛苦的过程，他的身上自然有时间和不顺留给他的痛苦，但是他们能够乐观地看待这些问题，他们能够忘记这些伤痕，然后抱着乐观的心态看待所有的事情。即便生活给了他不公，但是他能够一笑了之，然后奔赴他的下一站，或许那就是他成功的起点。

平和，内心强大者的境界

　　很多人都有太多的愿望，但是又无法一一实现。因为当你第一个愿望得以实现之后，你就会迅速有了第二个、第三个愿望，而且实现的难度越来越大。其实世界上的幸福是相对的，没有绝对的幸福，我们在面对一个个愿望的时候，要把握一个"度"，要知道"知足者"才能够"常乐"。

　　一个人的心态是对不同的事物做出的不同反应，一般情况下这种心态可以分为两种，一种是积极的，另一种则是消极的。积极的人能够快乐地面对一切，做事情也能够事半功倍；而消极的人只能整天唉声叹气，做事情也是事倍功半。

　　很早以前，在一个小村庄中有兄弟两人，他

们想要翻过沙漠，然后在前方寻找到一片绿洲。他们打听到在沙漠的中间有一个破庙，庙里面有一口井，可以为远足的人提供一些淡水，但是很奇怪那里只能给每个人提供半桶水。在一年的夏天，他们两个人决定一起去寻找沙漠外边的绿洲。他们各自开始准备，然后先后出发了，开始了他们绿洲探索的壮举。

虽然兄弟两人抱着同样的目的出发了，但是他们的境遇却各有不同。

哥哥还没有走到破庙的时候水就喝完了，他很容易找到了那口井，但是他只能打来半桶水。他就开始抱怨，他抱怨为什么只能打来半桶水，就在他抱怨的时候，一股风将一些沙子吹进了桶里面，他又开始抱怨："水中有沙子还怎么喝呢？"就在此时更大的风来了，把他手中的水桶打翻了，就连这半桶水他都没有办法喝了。后来哥哥死在了前面的沙漠里。

弟弟走到破庙的时候水也喝完了，他那个时候也显得筋疲力尽，于是他开始挣扎着找到了那口井，然后打来了半桶水，随即他端起桶就喝掉了半桶，然后非常感激地跪在地上感谢上帝，感谢这个建造破庙、打井的人。过了一会儿起风了，他就躲在破庙里休息。等到风停了之后，他就又开始前行。他最终找到了绿洲，然后建立了自己的家园，他过上了幸福的生活。

其实通过兄弟两人的境遇我们可以看到，当遇到问题的时候，抱怨和谩骂一定都解决不了问题，反而让问题变得更加糟糕。其实有时候换一个好心情去面对问题，或许会获得更多。我们需要以一个平和的心态去面对生活。

一个拥有平和心态的人，能够将事情看得更开，他们拥有"不以物喜，不以己悲"的豁达心态，所以他们的生活能够变得怡然自得，能够向自己预想的一面去发展。

一个拥有平和心态的人，他能够看到现在面对的一切事物好的一面，所以他们不会盲目憧憬未来，自然也不会活在幻想中，他们会努力做好自己，珍惜眼前的一切。

心态其实就像是一面放大镜，当你消极的时候就会将你的痛苦放大，同样当你积极的时候就会将你的快乐放大。一个人生活的姿态并不由你所拥有的资产和金钱来衡量，而一个对待人生能够做到泰然处之的人，才能够让自己的人生优雅。

很多时候我们需要将自己的心态放平和，做到随遇而安。平和不仅是一种生活态度，其更是一种人生的境界。我们没有必要去追求看破红尘、与世无争，但是我们的确可以做到以平和的心态去面对生活中的烦恼。

孔子说："仁者不忧，知者不惑，勇者不惧。"内心足够强大的人会为自己减少很多遗憾，因为他们能够看淡一切得失，将这些看作是身外之物，他们能够时刻保持平和的心态。人的一生难免出现挫折和不容易，关键是看我们能不能以平和的心态去面对。

明天，是值得期待的美好

　　有了今天就会有明天，明天也许会是全新的开始，明天也很有可能是痛苦的延续，关键是看你是抱着怎样的心态去面对。其实每一个明天都是全新的一天，我们需要把握明天，看到明天美好的一面，然后积极地去面对，或许你明天经历的就是最为美妙的过程。

　　很多人都在今天没有过完的时候，就开始考虑明天的事情。其实拥有这种心理的人一般都是对今天不满意的人，他们渴望明天会更好，将所有的希望都寄托在了明天上。

　　但如果明天还是让他不满意，那么他就没有勇气寄希望于后天了；而如果明天还不如今天的话，那么他们的信心就会毁灭，所有的勇气就会退去，或许他会将希望寄托在后天上，但更有可能是他放弃了希望。

不同的人在面对明天的时候会有不同的态度。有些人他们在今天看到了希望，那么他们就会变得很兴奋，所以会积极面对明天；有些人在今天感觉到了失意，所以他们害怕明天的到来。但是明天终究会来，今天之前的所有经历，其实是在帮助人们积累经验和教训，而这些教训能够让人们变得更加冷静、变得清醒、变得能够正确面对明天。

人们在面对明天的时候，虽然积累了很多经验，但还是需要为自己建立新的信心，为自己补充足够的知识以及思维方式。如果明天还是不幸，那么自己可以合理地去面对这一切。当然明天肯定会面向光明，要不然自然怎么更替？伟大的人物从何产生？

明天肯定会比今天更好，但这需要每一个人依靠自己的力量去努力和创造，而不是一味等待，而那些伟大的人就是明天的先行者。

人类在不断的进化中得到发展，但是明天不存在于幻想中，更不是等待就可以获得的，而在坚持中明天的曙光会慢慢降临。

不过生活中一些心胸不够宽广的人总是不懂得退让，他们看不到明天，以此而认为前面没有方向，认为自己会被黑暗所吞噬，他们无法展望明天的美好，总是喜欢躲在阴暗的角落里，用自己的眼光狭隘地看待这个世界。

　　脆弱的人会沉沦于过去中，他们不懂得抛开烦恼，更没有心情去体味生活的美好，他们会为自己的失意寻找借口，然后在不断自责中耗费了自己所有的青春活力。其实人生大可不必这样活着，只要能够打开自己心中的枷锁，尝试着让自己换一个活法，那么美好就会随之而来。在我们无助的时候懂得直面人生，那么就会看到希望。

　　人可以忘记失败、可以放弃成功，但是无法放弃生活、无法放弃命运。当我们睁开眼看到这个世界的时候，本来就有很多可能值得我们去尝试。我们可以给自己一些面对人生的理由，这样才会有所收获。

　　生命是值得珍惜的，所以要让自己相信明天的美好。虽然现在有太多的风风雨雨，但是不要惧怕这些，时间可以抚平生命中的所有不快乐。昨天的故事虽然值得回忆，也很难舍去，甚至有很多无奈，但是昨天的记忆能够成为我们奋发的理由，坚持之后就能够看到明天的太阳。

　　其实人生中昨天和今天的经历都是命运给我们的磨炼。磨炼能够将我们身上的凹凸不平磨去，然后让我们成为一颗明珠。虽然这种磨炼可能让人筋疲力尽，甚至会让人发出悲鸣，但是只要你坚持用自己的双脚走出一段新的旅程，然后再回过头看这些带着汗水甚至血的脚印时，我们就会发现值得我们欢笑的东西太多太多了，这些远大于我们的付出。也正是因为我们有了昨天和今天真切的哭以及明天开怀的笑，才使得我们的生命充满了美丽的光彩。我们的生活还在继续，而遗忘和期待都还在继续，所以我们不能丢下我们的信念，要相信明天的美好。

未来的日子中充满着机遇和挑战，甚至是诱惑。当一切的浮华都随着岁月的变更而消失的时候，在岁月的长河中，我们的生活也会随之流动，我们要坚持一个信念：明天一定会更好。

快乐，能改变明天的习惯

　　每个人都想拥有一个快乐的人生，但是在我们的普通生活中会经常遇到不快乐，这些事情会让我们忧虑重重，甚至会影响到我们的生活和工作。其实，快乐只不过是我们生活的一部分，是一种习惯，如果我们能够养成这种习惯，那么我们就会杜绝忧虑，就能够拥有快乐，我们的生活也就会充满了阳光。

　　欧盟曾经颁布了一条非常奇怪的法令：农民们需要在猪圈中放置一些供猪们玩耍的小玩具，如果不能够做到这一点，就会面临着处罚，视情况可以有罚款或者监禁。甚至他们会提出农民们需要经常更换玩具，要不然猪们会感觉"玩腻

了"。欧盟之所以颁布这条法令，就是因为他们希望猪们也能够
快乐地活着。

而看过这条法令的人还戏谑地说，世界上只有快乐的猪和不
快乐的人。其实他们这句话的意思就是在表明，人因为有了智
慧，因为想了太多的事情，所以会感觉到不快乐，这和哲学中
"智慧是痛苦的"的说法有一定的关联。而猪之所以快乐，就是
因为它们没有烦恼，没有那些自找的烦恼。

其实人应该想办法让自己活得快乐一些。很多人会因为工作
学习去忧虑，当他们看到自己没有地位、没有权力、没有财富的
时候会忧虑，在他们的生命中不开心的事情有很多，但是值得开
心的事情却少之又少。

一个人能不能开心和他的生活态度有很大的关系，而物质世
界和快乐并没有太大的关系。

幼儿园里一位 3 岁的小朋友问老师："老师，老师，你知
道我妈妈是男的还是女的？"老师故意装作思考了一会儿之后，
然后说："我猜你妈妈是女的。"小朋友听完之后非常开心，她
认为老师非常聪明，回家之后她对自己的妈妈说："老师真的
很聪明，她居然知道你是女的。"说完之后她就哈哈大笑起来，
而孩子天真的笑脸也感染到了父母，他们也因为这件事情开心

了好久。

其实经常快乐的人并不是因为每天都有快乐的事情发生，而是因为他们和小朋友一样，有能够让自己快乐的秘诀。他们懂得自己给自己找快乐，而他们已经把此当作了一种习惯，所以他们能够永远快乐。

苏东坡是宋朝的大文豪，他一生都非常坎坷，曾受过排挤、诬陷、侮辱、牢狱之灾甚至多次被贬，但每次遇到挫折的时候，他都能够在苦中作乐，保持潇洒的心境。曾经有一次他被诬陷坐了好几个月的牢狱，在出狱之后，他想到的并不是如何平反或者报仇，而是如何愉快地度过剩下的时间，他的这种心境难能可贵。

其实每一个人都想快乐地度过自己的一生，但是现实生活中总会有太多的不如意，这些都会让我们的心情变得郁闷。人的生命只有一次，而时间飞逝，我们没有理由不快乐，就算是命运坎坷我们也应该拥有一份快乐的心态，放弃掉一些没有必要的忧虑，这样就会找到很多快乐的理由了。我们要懂得享受人生，懂得快乐地生活，这样我们就能够从困境中解脱出来，然后成为一个快乐的人。

第二次世界大战之后，一位美国的战地记者在德国的一片废墟中找到了一块居民区。他在一家居民的窗台上看到了一个很简陋的花盆，此时花盆中的玫瑰正在吐蕊。眼前的情景让这位记者更加坚信，德国一定有一天会重新崛起的。而这位记者的推断就是因为他看到了这盆玫瑰，因为它代表着德意志民族的坚定。

如果一个人走投无路了，那么乐观就是他最大的一笔财富。只要他能够拥有乐观的心态，那么他就能够坚持下去，就能够等到时来运转的时候；有了乐观的心态，看待任何的事情都会用一种愉快的心态，而就算是不快乐的事情也会因为他的心态而变得值得快乐起来。快乐和不快乐只是自己的一念之间，这些都存在于我们的意念中。

亚伯拉罕·林肯说："只要心里想着快乐，绝大部分人都能如愿以偿。"

而要想养成快乐的习惯，依靠的就是思考的力量。我们可以给自己拟定一些和快乐有关的想法，然后每天不停地去思考这些想法，如果在这段时间里有不快乐的想法介入，那么我们就可以立即通过快乐的想法而取代。就比如我们可以在每天起床的时候伸一个舒适的懒腰，然后开始静静思考今天值得快乐的事情，然后给自己描绘出一幅快乐的蓝图。

在我们的生活中试图去放弃忧虑，然后以快乐的心态去对待一切，那么好心情就会时刻伴随着我们。世界上有很多人拥有很多，唯独缺少的就是快乐；但还有一些人他们虽然什么都没有，但是他们拥有快乐，所以他们同样很幸福。

当然，如果一个人热爱生命，那么他就不会是一个不快乐的人。人的一生并不长，如果用不快乐耗费了自己的时间和生命，那就显得非常没有意义了。所以，从现在开始就摒弃那些不必要的忧虑，为自己养成一种良好的快乐心态。

生命很短暂，我们没有必要也没有理由不快乐。我们只有养成了良好的习惯，即便是面对困难和挫折，那么也能够使自己幸福起来。

辑二 >>>

与宽容的自己相遇

——忘掉青春里的那些伤痛

过去是一段美好的回忆，在这个回忆中有失落、有彷徨；有疑问、有解脱……但是过去的事情终究是过去了，如果一味沉湎于过去中而无法自拔，那么青春就会蒙上一层暗纱。忘记青春岁月里的伤痛，也忘记过去的一切，一切都从头开始。

过去，是无法改变的事实

人应该变得更聪明，而要想聪明，就要懂得
放弃烦恼和忧伤，凭借一种开朗的心态去面对新
的生活。我们无须沉湎于对过去的回忆中，对于
过去的忧伤应该懂得忘记。

懂得遗忘，并且坚持遗忘，是一个人能够获
得成功的关键。比如失恋会给人带来痛苦、矛
盾，能够留下仇恨、分歧，能够带来争吵、名
利，带来了很多的贪求，甚至成功也给人带来
了很多压力……但是这所有的一切都是已经过
去了的事情，我们没有必要牵挂这些事情，我们
更应该忘记这些，然后轻松面对生活。

1954 年世界杯的时候，几乎所有的巴西人
都认为他们的球队能够又一次带回一座金灿灿的

奖杯，但是在半决赛的时候巴西却意外地输给了法国队，他们的这次世界杯之旅就此结束。

所有的巴西球员都知道，足球就是他们国家的灵魂，他们输了比赛自己也非常懊恼，他们也明白他们会遭受到球迷的辱骂、嘲笑甚至是殴打。

巴西球员们怀着忐忑的心情回国了，在到巴西领空的时候他们更加不安，他们就像是热锅上的蚂蚁一样。可是，当他们降落到首都机场的时候，他们看到的景象让他们惊呆了。他们看到两万名球迷和总统一起默默等待着他们的到来，而且人群中还有一条横幅，上面写着："那些都已经过去了。"看到这些之后球员们泪流满面，而他们也能够正视这件事情了。

4年之后的1958年世界杯上，巴西足球队没有再次辜负球迷们的愿望，他们迎回了世界杯冠军。这一次当巴西足球队进入巴西领土的时候，有16架喷气式战斗机在为他们护航，而当飞机降落之后，机场上欢迎的人群有3万人之多，而从机场到首都广场的这一段路上，总共聚集了超过100万的欢迎人群。而此时他们同样看到了在人群中有一条横幅，上面写着："那些都已经过去了。"

人之所以被称为世界上最聪明的动物，就是因为人能够在记忆力方面对自己进行调节，他们可以忘记很多事情，然后有选择地去记住一些事情。所以，人能够及时地从那些不愉快、对自己心情有影响的事情中解脱出来。如果人停滞在了过去里面，那么就会产生很多杂念，甚至会凭空多出很多怨恨、嗔怒以及不甘心。

其实人生中有很多事情发生，而那些过去的事情都只不过是人生长河中的一点点，我们最应该做的不是去抱怨，更不是去怨恨，我们应该积极忘记昨天，而勇敢面对明天。人的一生中不要老是回头，不要沉浸于过去的事情中。

有这样一个故事。

有一位老人购买了一个美丽的花瓶，于是他将这个花瓶捆好后然后背着回家了，但是在半路上花瓶还是掉了下来，摔碎了。老人头也没有回，直接往前走。此时有一个过路的少年看到之后，对老人说："难道您不知道花瓶摔碎了吗？"

老人则回答说："我当然知道啊。"

少年又说："那么你为什么不回头看呢？"

老人说："既然已经碎了，那看它还有什么用呢？"

其实这和覆水难收是一个道理，既然水已经泼出去了，已经没有办法挽回了，不管你做了怎样的补救措施、表现得多么不情愿，这些都改变不了已经发生的事情了。人生路上发生的很多事情也是不可违背的，任何事情都不可能重新来过。不管你是多么虔诚地沉浸于过去的回忆中，但是事情终究无法改变。既然无法改变，那么我们只能坦然接受，我们不要因为过去的事情而耿耿于怀，更不能因为过去的事情而影响到现在，只有这样我们的人生才能够圆满和快乐。

公平，不存在绝对的公平

　　在这个世界上不存在绝对的公平。之所以说公平只是相对的，是因为小范围的公平我们可以自己通过努力得到，而这种公平就是相对的，一旦需要更大程度的公平，我们就很难通过努力得到了。所以，在生活的过程中，我们没有必要刻意去追求公平，要不然会让我们的生活感觉非常累，就没有幸福可言了。

　　比尔·盖茨说："社会是不公平的，我们要试着接受它。"在面对不公平事情的时候，我们应该以一种积极的心态去面对，而不要消极地去抱怨。人的出生背景、家庭以及自己受教育的程度都有很大的差别，这些因素都会造成人生经历的不同。在社会中这种情况比比皆是，我们没有必要因为这些事情而痛苦，更不应该因为此而消极对待生活。

　　曾经有两只猎犬西西和南南，主人每次带它们出去打猎，它们都会有不小的收获，所以它们的主人经常夸奖它们，一般都是奖励给它们两只野兔或者两只野鸡，很长时间了都没有变化过。关于这种奖励方式让主人的弟弟很不能理解，因为弟弟通过观察发现，西西每次看到猎物都是在狂吠，但是它并不敢冲上前去；而南南就不一样了，它每次都是冲在最前面。这不是明摆着的事情吗？西西是一个夸夸其谈的家伙，而南南才是一个真正的实干家。

　　弟弟因为这两只猎犬的遭遇而想到了自己的处境。他是一家公司的职员，他是典型的"南南式"的实干家，他为公司作出了很多贡献，但是他一直都没有得到公司领导的奖励，他对此也非常气愤。而他正是因为气愤才到哥哥这里来的，他提醒哥哥，难道就不能让这两只猎犬竞争一下，让它们分出一个高低，然后对它们再进行奖赏，这样的话岂不公平很多？

　　终于有一天，弟弟得到了哥哥的同意，他带着西西和南南去打猎，他决定要对哥哥的工作方式和奖励措施进行改革。他先是让西西去东边的山上去捕猎，然后让南南去西边的山上去捕猎。这样一来，到底谁捕获得多不就很清楚了吗？西西和南南分别在两个小时之后回来了，但是让弟弟非常意外的是，西西和南南都没有捕获到猎物，一只都没有。

　　对此，弟弟非常不明白，于是关于这件事情他向哥哥请教。哥哥告诉他说："弟弟，其实西西是一只只会叫的猎犬，而南南是一只只会捕猎的猎犬，关于这一点我早就知道了。但是只有在两只狗在一起合作，才能够收获到猎物，如果分开的话两只狗都将会一无所获。因为捕猎的时候需要一只狗来叫唤，将猎物吓得不知所措，然后另外一只狗不动声色地去捕获猎物，这样的话它们既节省了体力，同时又捕获到了很多猎物。而我对它们的奖励也是这样，我知道南南付出得更多，但是世界上没有绝对的公平，只有不去计较这些得失，齐心协力去努力，才能够获得一定的成绩。无论是小到一个家庭，还是大到一个国家，都是这个道理。"听完哥哥的一席话之后，弟弟终于知道自己错在什么地方了。他回到公司之后开始更加努力工作，同时和同事积极合作，再也没有抱怨过，果然不到一年的时间上级就为他升职加薪了。

　　在上面的故事中，西西和南南的工作不同，但是它们得到的奖励却一样。其实这和我们人类社会是一样的，每个人都在社会中扮演着不同的角色，都是缺一不可的。或许有的时候别人付出的比我们少，但是却得到了比我们更多的报酬，对此我们不管是抱怨还是愤怒都无法解决问题。我们应该换个角度考虑这个问题：如果他的工作交给我，我能做吗？每个人的能力不同、社会资历不同、受教育程度不同等，因为这些不同造就了人们在社会中的分工不同。要记住，在这个世界上没有绝对的公平。

世界上没有绝对的公平，也正是因为这个原因才使得世界上有如此多的能工巧匠。因为他们意识到了世界的不公平性，所以他们才会更加努力工作，然后将这种不公平扭转为相对的公平。在这个过程中他们也承受了巨大的痛苦，他们也承担了别人不愿意去承担的义务和责任，自然也经历了比别人更多的磨难，同时也创造了比别人更多的成绩。在这个过程中也造就了他们坚强的内心和性格。假设他们拒绝承担责任，也不愿意去改变现状，那么自己也就会成为时间的淘汰品，让自己也陷入到了这种不公平中。

在这个社会中，有一部分人因为自己之前的一些资源，从而过上了让别人羡慕的生活，但是也有一些人没有任何的资源，所以他的生活需要自己去努力。面对这种情况，我们就需要摆正自己的心态，要看清世界上的不公平，然后努力迎接属于自己的成功。只有承认了世界不公平这个事实，我们就不会整天去哀叹世界的不公平，才能够不断激励做事情尽自己所能。每个人的人生都不完美，我们只有相信自己，不断挑战未来，而不是整天抱怨世界的不公平。

每个人都应该学着去适应生活，生活不会因为我们的不满意而改变，我们需要主动适应和积极面对生活，这样才能够让生活不断完善。生活的主题就是生存和竞争，生活不可能去主动适应人，更不会因为一个人而改变。既然我们没有办法去改变，那么就需要学会迎接生活的挑战。

这个社会在高速发展，人们的生活节奏也在不断加速。在这样一个竞争的社会中，我们要想过上舒适和安稳的生活，我们就需要改变自己的策略，主动迎接生活的挑战。世界上总有一些人因为经不住生活的折磨而最终选择了逃避，其实每个人在选择了逃避的时候，已经开始适应变化了，只不过自己身在其中没有意识到这个变化而已。

其实，我们应该承认这个世界正是因为存在着淘汰，才能够不断促使我们进步。社会中的每个人要想保持自己的地位和优势，就需要将自身一些不适合发展的落后因素全部淘汰掉，努力保持自己和时代的同步，也只有这样人类社会才能够立于不败之地。

这个世界没有完全的公平，如果想要让自己得到发展，就需要不断完善自己，并且要懂得积极接受世界上的不公平。当然，如果我们的先天条件都一样，那么就不要大呼大喊说不公平了，要想一想自己为这种不公平付出了什么。历史经验告诉我们，一个人的付出和得到都是成正比的，就算是面对不公平这一点也同样成立。要想得到就必须付出，如果想要比别人得到得多，那就需要付出的比别人还多。

积极面对生活中的不公平，而不是不断去抱怨。生活不需要任何形式的抱怨，而且这种抱怨一点作用都没有，那些喜欢抱怨

or者经常抱怨的人，他们一生都看不到自己的成功；而那些成功人士在生活中总是没有抱怨，他们更懂得通过自己的努力去实现自己的人生，而在上面的文字中已经介绍过，他们在克服困难的过程中就会形成坚毅的品质，这种积极的态度能够让他们更容易成为能工巧匠。

原谅，一定要做到的大度

卡里·纪伯伦是黎巴嫩著名诗人、作家、画家，被称为"艺术天才"，他曾经说过："一个伟大的人有两颗心：一颗心流血，一颗心宽容。"

很多人因为受到了别人的欺骗和侮辱，从而会毫不犹豫地选择报复，但是最终的结果是限制了我们的情绪。要知道通过这种方法我们的情绪根本不会释放出来，如果换一种角度，尝试着去原谅别人，我们的心情或许会好很多！其实很多有过如此经验的人都知道，懂得原谅别人能够让自己获得更多的快乐，情绪才能够通过这个过程真正得到释放。

曼德拉曾经获得过诺贝尔世界和平奖，他为

了推翻南非白人种族主义统治，在 50 年的时间里作出了艰苦卓越的斗争，而正是因为他的这些行为导致了他坐了长达 27 年的监狱。而这位阶下囚有一天还是走了出来，成为了南非第一任黑人总统，同时也为南非开创了一个民主和统一的局面。

1962 年 8 月，曼德拉就是因为领导着南非反对白人的种族歧视从而入狱，当时的白人统治者将他关闭在大西洋小岛罗本岛上。罗本岛位于离开普敦西北方向 7 英里的桌湾，岛上布满岩石，到处都是海豹和蛇及其他动物，生活环境非常糟糕。就在这个荒凉的小岛上，曼德拉度过了 27 年。虽然当时的曼德拉年龄已经很大了，但是白人统治者还是像对待一些年轻的犯人一样去对待他。

在罗本岛的那 27 年时间里，曼德拉白天需要将从采石场采来的石头打碎成石料，或者从冰冷的海水中打捞海带，有时候还要做一些采石灰的工作。当时他经常要早晨到采石场，然后被打开手铐和脚镣，到一个非常大的石灰石田地里，然后用尖镐和铁锹挖掘石灰石。曼德拉属于重要的犯人，所以专门看守他的人就有三个，显然他们并不是很友好，他们总是寻找各种理由来对待曼德拉。

在 1990 年 2 月 11 日，南非当局因为受到国内外的舆论压力而最终选择无条件释放曼德拉，而就在 4 年之后 5 月份曼德拉成为了南非第一位黑人总统。曼德拉在总统就职仪式上起身欢迎了所有的来宾，并且介绍了来自世界各国的政要，然后他对能够接待这些尊贵的客人而感到非常荣幸，但是他讲道，他认为最开心的事情还是当年在罗本岛看守他的三位看守的到来，他邀请他们起身，然后将他们介绍给大家。而曼德拉这种宽大的胸襟和宽宏的精神也是让那些虐待过他的人无地自容。

接着曼德拉向所有人解释道：他在年轻的时候性格比较急躁，正是在监狱中的那段时间学会了克制和忍让，懂得了控制自己的情绪，而他在监狱中也学到了很多东西。在监狱的那段时间对他有激励作用，他在这个过程中还学会了如何合理面对痛苦，也让他学会了感恩和宽容。他一直强调，感恩和宽容都是需要经过痛苦和磨难才能够得到的。曼德拉还讲道，当他走出监狱的大门时，他就明白如果他无法将悲痛和怨恨甩开的话，那么他其实还是被困于监狱中。

其实很多时候我们要懂得原谅别人，在这一点上我们可以学习学习曼德拉的精神，要懂得用宽容的心态去对待别人，给别人一个反省和改正的机会，而这个过程也能够换来自己的心灵安慰。曼德拉给我们做出了表率，其实我们可以想想，如果我们每天都生活在对别人的仇恨中，这样不仅让自己的生活非常痛苦，而且自己的心灵也无法得到解脱。

在人际交往中，人与人之间产生矛盾和摩擦非常正常，此时我们就需要以一颗宽容的心态去原谅别人的过失，这样我们就可以化敌为友，从而最终消除一切的怨恨。如果我们能够真正地宽容和原谅别人，那么我们的人生就会变得更加美好。

其实有时候原谅了别人，就是多给了自己一条路。如果我们只是去看别人的过错，这样会让自己每天都过得忧心忡忡，甚至是狂躁不安，以致给自己的身心都带来疲惫。而一旦逞一时之气从而犯下了过错，那么就会让自己的一生都毁掉，这样就得不偿失了。

在我们的工作和生活中，很有可能会遇到一些我们无法接受的事情，此时我们不妨像曼德拉一样，将他人的这些过错全部看成是一种历练。如果别人认为这种错误无法原谅，而我们将他原谅了，那么就说明我们正在朝着伟大的路上走了。像这样的过错我们都能够原谅，那么生活中还有什么困难我们无法逾越呢？一旦我们愿意以一颗宁静的心去面对别人的过错时，我们就可以得到更大的解脱和轻松。

其实，要想拥有原谅别人的品质并不是一件容易的事情，这是对自己内心的挑战，这个过程耗时耗心，所以需要我们更加耐心。其实原谅也是对自己好。原谅了别人能够治愈伤痛，如果不懂得原谅别人，那就意味着自己已经被打败了，自然也就失去了实现自己梦想的机会，而其中的损失只能是让自己来承担。

其实能够原谅别人还是一种有涵养的体现。生活中很多有涵养的人，就是能够把持住自己，能够做到不随意动怒，自然更不会因为别人的过错而惩罚自己。每个人其实都是心灵的工程师，只要做到大度一些，就能够让自己的思想得到解放，这其实就是有涵养的表现。

其实在我们原谅别人的时候，我们的内心就会升起一种自豪感。我们可以借助轻松的眼光去看待以前的事情，我们的精神就会好起来，甚至会认为自己之前的不肯原谅别人是一种可笑的行为。其实的确如此，世界上又有什么事情是我们无法原谅的呢？

如果一个人不懂得原谅别人，那么他的耐心也就会受到影响。其实一个人能够挑战成功，源自于自己内心强大的能力，所以从现在开始我们就需要从身边一点一滴的事情注意起来，我们要懂得多原谅别人，从而加强我们内心的抗压能力。

世界上总是有一些没有涵养的人，他们只知道看别人的错误，只是知道追究别人，尤其是别人的错误对自己有一定影响的时候，他们的行为就会失控，甚至做出更愚蠢的行为。如果我们能够以宽大的胸怀去面对这些事情，去原谅别人的错误，那么我们就会得到别人的赞扬和尊敬，我们也会在这个过程中获得一个忠实的朋友。

当我们原谅了别人的错误，其实是避免了双方再次遭受到伤害。

在很多时候就是因为我们原谅了别人，从而得到了别人的感激，别人就会成为我们的好朋友。其实，当我们可以原谅那些对我们有过冒犯行为的人后，他们就会感觉到非常悔恨，而之后这种事情的发生概率就会小很多了。其实这就是我们想要的。当然，人们都知道对冒犯过我们的人做出宽容的举动是一件非常不容易的事情，但是我们还需要努力改变这一点。

余地，做事懂得留有空间

《处世悬镜》中说："狭路行人，让一步为高；酒至醺处，留三分最妙。"其实做任何事情都需要给自己留有余地。

《菜根谭》中也讲道："留人宽绰，于己宽绰；与人方便，于己方便。"同时还讲道："锄奸杜降，要放他一条去路。若使之一无所空，譬如塞鼠穴者，一切去路都塞尽，则一切好物俱咬破矣。"其实这些劝世语言就是想告诉人们一个道理：如果想要让那些作奸犯科的人改过自新，就需要给他们一个重新做人的机会和路径。假如让他们走投无路了，就好比是将老鼠洞堵死一样，就算是再好的东西它们也都会去咬坏的。

人们在面临绝境的时候，一般都会有三种处

理方式：坐以待毙、全力挣扎以及借助自己的智慧摆脱困境。但无论怎样都在提示人们：不要将别人逼到绝境，一旦对方处于绝境的时候，他们如果选择了第二种或者第三种方式，或许最后失败的人就是自己。当人们面临绝境所产生的那种反抗力是惊人的，其可以在瞬间爆发出惊人的能量，所以任何时候都要给别人留有余地。

很多人都推崇《三国演义》，因为其中展现了很多人类智慧的结晶，而在《三国演义》中就有穷寇莫追的事例。曹操在平定了河北之后，他率领着将士们包围了壶关，当时曹操的命令是："等到攻破了城池，可以将所有的俘虏全埋了。"但是他们围困了好几个月，始终无法攻破城池。

此时大将军曹仁说："围攻敌人的时候需要让敌人看到逃生的可能，给他们敞开了逃生的路，他们就会懈怠。如果让他们看不到生的希望，那么他们就会更加英勇，他们肯定会坚守城池的。现在敌人城坚粮足，攻击的过程中我们都互有伤亡，所以他们不会轻易投降的。"

曹操认为曹仁的话很有道理，于是他给壶关的守军留有了余地，最终守军们投降了。

其实，假如你想要战胜对手，就不要违背客观的人性规律，尝试着给他们留有余地，或许会换来更大、更轻松的成功。而这种为别人留有退路的心态，只有那些洞悉人情世态的人才能够做到，也只有那些深知进退道理的人才能够获得良好的效果。

其实给别人留有余地，就是给自己留有余地。说话不能够说绝、做事情不能做绝。做任何事情都不要偏激，这样才能够保全自己。

长孙皇后是一代贤后，尤其是在她做了皇后之后，地位的变化让她开始考虑更多的事情，她知道自己作为国母，言行举止非常重要。所以，她在做事情的时候处处注意，给嫔妃们做了一个很完美的典范，而她在做事情的时候从来不将事情做满。她也不喜欢奢侈的生活，吃穿上也特别注意，她甚至都没有任何额外的要求。就算是儿子承乾被立为太子，她都没有过分的要求，都是过着很普通的生活。她从来不搞特殊化，做事情的时候总是给别人留足余地。

长孙皇后在得意的时候并没有将所有的好处都占为己有，也没有将功名占得很满，其实这就是很好地为自己留有了余地。她的这种行为不但没有给自己招来杀身之祸，而且还让自己进退有据、上下自如，朝中上下都很敬重她，成就了一代佳话。

历史上给别人留余地的人很多，和他们形成反例的人同样也很多。就比如在清朝康熙和雍正年间的年羹尧，他就是一个不懂得给别人留余地、不懂得不能将事情做满的人。

年羹尧家中好几代人都做官，而他本人的仕途也很顺利，早年的时候他就以骁勇善战闻名，慢慢地他受到了康熙皇帝的重用。

年羹尧为雍正做皇帝立下了汗马功劳，所以雍正在即位之后更加相信年羹尧了。雍正将西北地区的所有军事要务全部都交给了年羹尧一个人负责，而在官员的任命上他同样很听从年羹尧的意见。不仅如此，雍正还对年羹尧的家属以及其他的亲戚朋友很照顾。

可是，随着势力越来越大，年羹尧有点居功自傲了。他开始变得目中无人。有一次他回京城，于是京城中的大小臣子都去外边迎接他，而他对这些人看都不看，显得非常没有礼貌。此时他对雍正也有点不恭敬了，有一次他在军中接到了雍正的诏令，按照规定他应该设下香案然后跪下来接听，但是他只是随便一接了事，这件事情也让雍正非常生气。不仅如此，他还接受大额贿赂，在官员的任用上也非常随意，他的举动严重影响到了国家的秩序。不仅他个人是这样，有一次他家的一个教书先生去江苏老家，结果江苏的大小官员都出来迎接，由此可见年羹尧的势力有多么大了。也正是因为他做事情太给自己不留余地了，导致了雍正对他的不满意。

终于雍正对他忍无可忍了。有一次，年羹尧给雍正敬贺词的时候居然将话写错了，雍正于是以此为借口然后将年羹尧抓了起来，之后又给他罗列了很多罪名，一举将年羹尧彻底打倒。最后雍正赐年羹尧自尽，于是年羹尧在监狱中上吊自杀了。

《菜根谭》中讲道"滋味浓时，减三分让人食；路径窄处，留一步与人行"，其实都是古人总结出来的重要处世秘方，我们做任何事情的时候都应该像长孙皇后一样给自己留有余地，懂得原谅别人；而不要像年羹尧一样将自己的退路堵死。

理解，要主动做出些让步

　　遇到事情的时候，不要总是去问别人该怎么办，不要总是等着别人来理解你，而是应该主动寻找解决问题的办法，做一个主动派。如果你希望得到别人的理解和尊重，那么也要尝试着去接受人的观点和意见，这样就可以让自己得到成长，时间长了，身边的朋友也就越来越多了。

　　朋友之间也需要相互理解。每个人都有属于自己的朋友圈子，但是真正意义上患难与共的朋友却不多。什么是真正的朋友呢？真正的朋友敢于在你不得意的时候给你"泼冷水"，他会认真帮助你分析现实情况，虽然他的语言会很残酷，但是这些都是为了你好。而和朋友出现意见分歧也是很正常的情况，要懂得站在对方的角度去考虑问题。

威尔逊说过，理解绝对是养育一切友情之果的土壤。

如果想要成就一份长久的友谊，那么就要懂得多理解别人，多和自己的朋友沟通。要用理解的态度去对待你们之间的友谊，而不是自以为是地去用自己的方法去解决。友谊需要理解来维持，只有有了理解，那么就能够维持相互之间的关系。

某市的某某小区是一个花园型的小区，这里的环境非常优美，绿化工作也做得很不错。在 1 号楼和 2 号楼之间有一块很大的草地，草地的范围非常大，但是有的住户为了自己的方便经常从草地上走过。物业对这个问题感觉非常头疼，于是他们在草地上竖立了一块牌子提醒大家不要践踏草地，还用围栏拦住了草地，但是他们的这种做法并没有收到很好的效果。物业实在没有办法了，他们找到了这两栋楼的住户一起商量办法。住户们说他们之所以这样做就是因为每次出门要走很长的路，感觉非常不方便，所以只能践踏草地了。了解到这个情况之后，于是物业在草地的中间用小石头铺了一条路，从此之后住户们出门都开始走这条路，再也没有出现践踏草地的现象了。

其实，在我们的生活中出现磕磕碰碰的事情非常正常，我们应该多去为别人着想，从对方的角度去考虑问题，而不是只看到自己的利益和想法。多听听别人的意见，多和别人沟通沟通，尝试着敞开自己的心扉，自己在寻求别人理解的同时也要懂得理解别人。

我们要看重理解的力量，因为理解是生活中非常重要的一门学问。我们要懂得主动理解别人，这样就可以给双方建立起一座合作的桥梁，从而走进对方的心扉。

虽然在本节的开头提到了要做一个主动派，但是不能以自我为中心，如果我们的"自我中心"观念太强了，那么身边的朋友就会慢慢离开我们。这样的人虽然看着很强大，但是他们的内心非常孤独，他们甚至连一个倾诉的对象都无法找到。

对于别人不同的意见要懂得接受和包容。很多人在听到别人的反驳意见的时候，总是抱着排斥的心态甚至完全不想听下去。因为他们一直认为自己的观点和思想是正确的，凡是和他们的想法不一样的都是错误的。其实这个时候更应该学会包容，有时候同意了别人的意见并不是对自己想法的否定。我们可以在别人不同的意见中汲取很多经验，获得很多知识，从而对自己的思维进行拓展，之后也就学会了从不同角度去处理问题。

人们都不愿意别人去苛求自己，既然这样，那就要懂得自己首先不要苛求别人。一个人需要学会包容，要有一种"海纳百川"的胸怀，借助自己的豁达和大度为自己展开一份新的篇章。

我们需要时刻站在别人的角度去考虑问题，不要总是将自己的主观意向强加给别人，要多去听听别人的想法。多和别人进行探讨，多和别人交换想法，或许在这样的过程中会经常获得新观点。我们需要敞开心扉去接受别人，只要将心比心，那么就会获得更多的朋友。

如果我们能够做到"将心比心，将心换心"，并且将这种想法应用到自己的思维中，在人际交往中多一些包容和理解，那么就能够得到别人的尊重和理解了。当我们陷入到情绪的纠缠中时，并不是事情本身很难处理，而是我们总是斤斤计较，也就是说我们在处理事情的过程中有点不够宽容和大度。

某学校举办了一次野营活动，其中有一个小朋友赵小阳带来了很多烟火，于是他将这些烟火全部都藏在自己的床底下，想要等到最后的晚会进入高潮的时候将烟火拿出来，好给同学们一个惊喜。

但令人没有想到的是，在几天之后这包烟火居然不翼而飞了，而又有一些小朋友发现有一个叫李宗宗的小朋友一个人在后山的空地上燃放烟火。

主管这次野营活动的老师知道这个情况之后非常生气，他准备教训一下李宗宗。让他知道偷窃是多么无耻的一种行为。但是另一位王老师知道这件事情之后极力阻止了他的行为，说让他来处理这件事情。

王老师先是找到了丢失烟火的赵小阳，然后问他说："你现在还有剩下的烟火吗？"

赵小阳回答说："没有了，不过自从那批烟火丢失了之后，我就让我妈妈又寄来了一包。"

王老师说："这样很好，那么现在我让你拿着这些新的烟火和李宗宗小朋友一起去玩，你愿意吗？"

赵小阳甚至都不敢相信自己的耳朵了，他说："老师你是不是说错了？我为什么要这样做？"王老师则笑着说："我没有说错，孩子，这是对你和李宗宗最好的处理方法。我们要懂得给予别人一些宽容，这样会获得更美好的结果。"

赵小阳按照王老师的说法去做了，没过多久之后，两个小朋友一起到营地里放烟火，玩着玩着他们两个人都忘记了当时的事情。

其实要想能够体味到人生中的缤纷，就不要对别人进行伤害，将朋友的背叛全部都忘记，将之前的被欺骗、被羞辱全部都忘记，以一种宽容的心态去对待生活和周边的人，这样会让我们的生活更加具有激情。

庄子说："养志者忘形。"一个人要想修身养性，就需要忘记自己身体的存在，而这样做就可以没有恐惧了。当一个人拥有了这种心态，就算是他身患重病，也能够战胜疾病，能够恢复如初。境遇不佳的时候，要懂得去忘记自己的烦恼，这样可以帮助我们走出低沉，从而迎来光明。

　　历史上有作为的人都是懂得宽容的人，他们会将昨天做过的事情或者昨天别人给予自己的痛苦全部忘记。他们所迎接到的每一天都是全新的，而同时他们会认真对待明天，这样他们始终能够保持一种昂扬的精神。他们都知道不应该因为昨天的事情而浪费今天的时间。

后悔，不能够出现的词语

　　我们不要做出让自己后悔的事情。一件事情既然选择了去做，那么就不要后悔；如果预测到自己之后会后悔，那么最开始就不要去做。

　　很多人在经受了一番挫折之后，就无法重新振作起来了。虽然人们都知道要在什么地方跌倒就要在什么地方站起来，不要让别人看自己的笑话，但是要想做到并不是一件简单的事情。其实我们应该明白事情过去了就不要再去想，不要让自己后悔。如果真的想要将之前的事情进行弥补，那么就想办法去弥补，尽力将之前的事情做到更好。

　　任何事情在做的时候就要认真去做，要知道这个世界上没有后悔药让我们吃。一旦下定了决

心去做一件事情，那么就放手去做、努力去做，一步一个脚印地
认真去做。

在自己的人生路上，要懂得向前看，而不是在遇到一点问题
之后就寻找避难所，更不能后悔。我们要勇于承担责任，就算是
这件事情让我们会头撞南墙，那么我们还是不能有后悔的念头。

一件事情认准了就去做，只要决定了就为此而努力，不要想
着不成功该怎么办。做的过程中更不能掺杂着后悔的念头，任何
事情只要尽力了就好，不要因为一件事情耗损了时间也耗费了心
力。其实很多时候后悔的想法会改变我们本来要成功的路，作出
一个不会让自己后悔的决定，就算是会后悔也要用自己强大的内
心去战胜这种后悔。

王大爷住在上海的郊区，他的身体一向很好，但是突然之间
得了一场大病，主要是耳朵和眼睛之前有一点问题。其实王大爷
对自己的病情非常了解，本来他应该尽早去治疗，但是他却一直
在征求孩子们的意见，而他的老伴儿则说："有病了就去治，不
要耽搁了时间。"但是他的儿子却说："就算是治疗了也不一定
痊愈，治疗不好的话很有可能出现耳聋眼瞎的毛病。"女儿则说：
"要不我们可以再观察几天，然后看效果如何再做定夺。"就这样
他们商量了半个月，结果王大爷的病情加重了，送到医院之后，
医生检查之后责怪他应该尽早去治疗的。医生还说："本来只是

一个小病，好好治疗一下是可以痊愈的，但是现在耽搁了治疗时间，恐怕要遭罪了，就算是这样很有可能无法完全根治。"听到医生的话之后，王大爷非常后悔，不但不能痊愈，而且还要遭受病痛的折磨了。

其实不仅普通人会发生这样让自己后悔的事情，就连美国前总统里根小时候也发生过类似的事情。

有一天，他去鞋店里想要定做一双鞋子，但是就在做圆头还是做方头这个问题上他考虑不清楚了，也没有办法拿定主意，于是当天他就没有做。等到第二天鞋匠在街上遇到了他，又问他想要做怎样的鞋子。里根还是优柔寡断无法确定下来。此时那个鞋匠说："既然这样，那么就由我来给你做主吧。"过了几天之后，里根前去取鞋，结果发现鞋匠给他做的鞋子一只是方头的，而另外一只则是圆头的。他哭笑不得，于是问鞋匠这到底是什么情况。鞋匠则回答说："现在给你做了两样，你就不需要花费时间去考虑这个问题了。"面对这样的情况里根感觉非常后悔，于是他将这双鞋保存了起来，他要以此作为教训。

其实，做任何事情都需要自己去想办法、拿主意，不管自己的选择给自己带来的是好还是坏，只要选择了就不要后悔，让自己做自己生活的主角。而在我们举棋不定的时候，别人可以给我们建议，我们可以虚心接受别人的建议，但是最终的决策权还是在自己手里，我们不能因为别人的意见而影响了自己的判断力。如果一件事情自己拿不准的话就等一等，等到时机更为成熟的时候再去做，不过在等待的过程中一定要注意"度"的把握。

另外，我们还需要对我们现在所拥有的东西常怀一种感恩的心态，我们要懂得珍惜眼前的一切，不要让今天成为明天的遗憾。我们可以从之前的过错中找到真谛，找到自己可以改变的地方，但是不要只是后悔而不做任何实质的行动。其实有时候一种后悔的态度很有可能阻碍我们的成功。我们要珍惜眼前的事情，不要因为自己的后悔而主宰了自己今天崭新的生活。

我们需要认真把握每一个成功的可能。上帝非常公平，给每个人的机遇都一样多，虽然他给每个人一样多的路去选择，但是最终的选择权还是在自己。到底是听从命运的安排，还是去努力改变命运，虽然只是一念之间的事情，但是最终的决定权在自己的手中，做出了就不要后悔。同时要懂得把握当下的幸福，不要让过去的悲伤一直延续到今天的美好生活中。

辑三　>>>

与倔强的自己相遇

——倔强是因为我们的内心不是空荡无物

青春是倔强的，青春有自己的主张。我们倔强，因为我们有自己的想法；我们倔强，因为我们内心充满着理想。不要小看自己的倔强，或许就是这种带点偏执的坚持，能够让我们看到青春里最为美丽的时刻，或许能够品尝到青春里最为醉人的美酒。

欣赏，能改变自己的行为

　　世界上的每一个人都是最为独特的，都是独一无二的，每个人都散发着属于自己的光芒。比如说：爱因斯坦就散发着一种属于智慧的光芒，莫扎特所拥有的是天才般的音乐能力，鲁迅的光芒是一种深邃的思想和尖锐的文笔，霍金的则是对命运的顽强抵抗和物理学的尖端成就……而他们这些人之所以能够拥有这样的光芒，就是因为他们懂得欣赏自己，懂得珍惜自己。其实我们也需要关注自己的光芒，并且懂得欣赏自己。

　　爱因斯坦、莫扎特、鲁迅、霍金……他们在艺术、文学或者科技等方面作出了巨大的贡献，达到了顶峰，而他们的光芒也得到了所有人的肯定，人们开始认可他们。但是，并不是所有人都欣赏一个普通人的光芒，这就需要我们自己首先要欣赏自己、肯定自己。

大多数人只能看到别人头顶上的光芒，甚至对他们的光芒产生了妒忌的情绪，但是他们却不懂得去积极创造属于自己的光辉。他们在做事情的过程中忘记了自己，甘心受其他人思想的影响。一个懂得欣赏自己的人是不会人云亦云的，更不会做出阿谀奉承的事情，他们会努力为自己开辟出一片天地。之前举过例子的爱因斯坦、莫扎特、鲁迅、霍金等，他们就是战胜了挫折和敌人，走出了一条属于自己的道路。如果我们能够用欣赏的眼光去看待自己，及时发现自己身上的独特光芒和魅力，那么我们也可以像他们一样。

在纽约有一位很出名的老师，他就懂得这种欣赏的道理，他总是鼓励自己的学生，也不断告诉自己的学生他们是多么重要。有时候他还会采取一些特别的方法。比如，他曾经将学生们逐一叫到讲台上，然后告诉大家这位同学对班级和别人的重要性，然后再给每一个学生一个红色的缎带，上面写上："要懂得欣赏自己，要知道自己很重要。"

这位老师的举动对同学们有很大的影响，于是这位老师想要对这个行为进行深化，他想看看他的行为到底对一个学生，甚至是一个社区有多大的影响。于是，他给每个学生三个缎带的别针，然后让他们按照他的做法给别人一定的鼓励，举办这种感谢仪式，然后对之后的结果进行观察，并且需要在一个星期之后进行汇报。于是班级里一位男孩到附近的一家公司里找到了一位年轻的主管，因为这位主管曾经教导他完成了自己的学习规划。于是这位男孩将别针别在了这个主管的衬衫上，并且将剩下的两个别针也给了这位主管，然后对他说："我们现在正在做一个研究，我们需要将这种别针送给对自己有帮助的人，然后让他们也给其他人别针。我们想要看到这种感谢能够带来多大的好处。"

过了几天之后，这位主管去看望他的老板。他的老板其实是一个善于发怒，并不是很好相处的人，但是他却是一个富有才华的人。于是这位主管向老板表示了自己的仰慕之情，并且夸奖了对方的创作天分，老板听后感觉非常惊讶。而且这位主管还要求老板能够接受自己的别针，并且希望能够亲手为他别上，老板很开心地答应了对方的要求。这位主管非常认真地将别针别在了老板的衬衫上，并且也给对方送了一个别针，然后对他说："您是否愿意帮我一个忙，也像我一样，将这些别针送给那些帮助过我们的人，或者我们尊敬的人，让这种感谢仪式一直延续下去。看看最后到底能不能改变我们社区的面貌。"老板同样爽快地答应了他的要求。

在当天的晚上，老板回到家中之后，看到坐在沙发上看电视的 13 岁的儿子，然后对他说："今天有一件非常不可思议的事情发生了，早上在我办公室里，有一位我的年轻主管找到我，然后告诉我说，他非常仰慕我的创造天分，并且还送给了我一个非常特别的别针，我非常开心。他当时还多给了我几个别针，让我将这些送给对我有过帮助的人。今天在回来的路上我就在想，到底将这些别针送给谁呢？于是我就想到了你，你是我最想感谢的人，在这些日子里，我因为工作太忙，所以对你的照顾有所疏忽，我感觉非常惭愧。虽然我经常会因为你的成绩不够好、你又在学校里调皮了等问题而对你大喊大叫，但是现在我只想心平气和地坐在你的身边，然后将这个别针别在你的衣服上，并且表达我对你的感谢和爱意。"

老板的儿子听到父亲这段话之后感觉非常惊讶，他听着听着就开始哭泣，最后都没有办法停止了，他的身体一直在颤抖。他看着自己年迈的父亲，然后哭着说："其实，其实我最近想要离家出走的，因为我认为你不爱我了，所以我感觉没有必要留在这个家中了。但是现在我改变了我的想法。"

这位老师的感谢仪式和别针一直在延续着。

其实一个人需要懂得欣赏自己，要懂得珍惜眼前的一切。如果能够抱着这种积极的心态去生活和工作，那么就算是再平淡无奇的工作、生活，都会取得美妙的结果。我们需要时刻告诉自己，我们是最为重要的，就像上面的故事一样，可能我们忽视了

自己的重要性，但是还是有人在肯定我们。我们需要和别人一样
看到我们自己的优点，然后脚踏实地地去工作和生活，活出属于
自己的价值。或许现在我们很平庸，甚至一文不值，但只要我们
懂得珍惜自己、懂得欣赏自己，那么在不久的将来，我们也能够
绽放耀眼的光芒。

　　要懂得欣赏自己，但是又不能自命清高，我们需要在平凡的
生活中看到自己独特的魅力，明白自己对别人甚至是对社会的重
要性。我们需要懂得自己平凡的魅力，或许在思想、文字、潜
力、性格甚至品质等方面我们还是能够找到独特的地方，这些都
会为我们散发出不一样的光芒。

　　懂得欣赏自己是发现生活、品味生活、把握自己、珍惜自
己、创造未来的"金钥匙"。当然一个人如果想要欣赏自己，首
先要从客观的角度去分析自己，然后再给自己注入自信。在这个
世界上根本就不存在天生的伟人，所以普通人没有必要去自卑，
更不能去"认命"而选择了放弃。其实我们没有理由去自卑，我
们需要的是自信。每个人都需要相信自己，都需要懂得重视自
己。一个懂得欣赏自己的人，就算最后没有获得什么伟大的成
功，但是他能够做最好的自己，能够让自己的人生路不一样，其
实这种人在其他方面也会获得了不起的成功。

　　另外，一个懂得欣赏自己的人，才会懂得去欣赏别人、欣赏
生活，乃至欣赏生命中的一切。

　　每个人无论高矮胖瘦，都会有属于自己的性格，都有自己的特色。所以我们需要学会珍惜自己的一切，懂得欣赏自己的一切。这样自己就能够获得快乐，能够让自己过得开心，最后甚至会取得巨大的成功。

自卑，超越之后看见彩虹

　　如果将一块普通的木块放在老式蒸汽火车的轮子上，那么火车就无法启动了，只有将它移走火车才能够正常启动，最终达到每小时 100 公里的速度，或者冲破一堵 5 英尺厚的墙。之所以讲这个小例子，其实就是告诉人们，人心中的自卑心理就好比是这块小木头，如果不将它移走的话，那就很难创造出惊人的事情。

　　小梁在十几年前从一个小城市里考到了北京的一所大学。在上大学的第一天，他身边的一个女同学就问他说："你从什么地方来的？"其实这个问题是当初他最忌讳的问题，因为在他的头脑里认为，他出生在一个人口不到 20 万的小城市，从来没有见过大世面，说出来肯定会被这些大城市里的同学所耻笑的。很长一段时间里，他的这种想法一直左右着他，让他很自卑。

无独有偶，还有这样的一个小女孩，她家虽然是在北京市，但让她自卑的是她很胖，她担心同学们会嘲笑她的身材，所以很多时候她都不敢穿裙子，更不敢去上体育课。在大学结束的时候她差点都没有毕业，并不是因为她的成绩差，而是因为她不敢去参加体育长跑，甚至都不敢去给老师解释。最后老师对她也没有办法，鉴于她平常的表现很老实，只能给了她一个及格分数。

后来在一次电视晚会上，上面讲到的两位见面了，她说："如果我们是在同一所大学的话，估计我们一辈子都不会说话的。因为你会认为人家是北京来的女孩，怎么会瞧得起我？而我也会认为，人家长得那么帅，怎么可能会和我说话呢？"

但是排除了自卑心理后，他们都取得了成功。

看到这里，很多人都会想，原来他们也会自卑，原来他们也曾经走过自卑的一段过程。但是他们最终战胜了自己心中的自卑，最终走向了成功。

其实在我们的生活中，很多人都会因为自己的某一项缺陷或者缺点而感觉到自卑，这种自卑的心理很可能一直会贯穿自己的一生，从而对自己有很大的影响。其实这个世界上没有人是完美无瑕的，我们需要走出自己的自卑心理，这样我们就会告别平庸，造就非凡。

其实上帝对每一个人都是公平的，很多天才人物也有自己的缺点，他们也会在某些方面表现得非常愚笨。然后他们的这种愚笨并不会影响他们的成功，他们自己没有封死自己成功的大门，这主要就是因为他们能够克服自己自卑的心理。

就比如，音乐家贝多芬小时候在学习小提琴的时候技术并不是很高超，甚至显得有点愚笨，有时候他不愿意去改善自己的技巧，但是他的老师坚持认为他是一个作曲家的料子。

歌剧演员卡罗素拥有被世界公认的美妙的嗓音，但是最初的时候他的父母希望他能够成为一名工程师，而他的老师则认为他的嗓音根本不适合去唱歌。

达尔文更是在自传上透露道："小的时候，几乎所有的老师和同学都认为我的资质非常平庸，我这一辈子都和聪明两个字没有任何关系。"

沃特·迪士尼也有过报社主编因为缺乏创意的理由而被开除的经历，而在建立迪士尼乐园之前他也有过好几次的破产经历。

爱因斯坦更是在 4 岁的时候才会开口说话，到了 7 岁的时候才开始认字。他的老师给他的评语更为苛刻，老师说："他是一个反应迟钝、孤僻，满脑子都有稀奇古怪不切合实际想法的孩子。"而爱因斯坦也曾经遭受过被勒令退学的命运。

而牛顿小时候成绩非常糟糕，曾经被老师和同学们称之为"傻子"。

罗丹的父亲也曾经抱怨过自己的儿子是一个傻子，而在别人的眼中他同样是一个白痴。他参加了三次艺术考试，但是都没有通过，他的叔叔也不得不说他是一个不会有成就的人。

《战争与和平》的作者托尔斯泰，在上大学的时候因为成绩太糟糕所以被勒令退学，老师认为他是个既没有读书的头脑，同时又没有学习兴趣的人。

可以说，上面提到的这些人都具备了"自卑的理由和条件"，他们中的很多人也被别人深深伤害过，但是他们最终没有自暴自弃，而是积极克服了自己的自卑，并且超越了自卑，所以他们在自己的事业上取得了成功，他们最终摆脱了平庸的人生。伟大的人之所以有伟大的地方，并不是因为他们是超人；关键是他们不会去自卑，而且他们还会将自卑转化为自己成功的催化剂，最终他们取得骄人的成绩自然就是水到渠成的事情了。

哲学家曾经鼓励自卑者说："你之所以感到巨人高不可攀，那是因为你跪着。"一个自卑者更应该懂得站起来看世界的态度。

1947年，美孚石油公司董事长贝里奇前去开普敦检查工作，在卫生间中他看到一个黑人小伙子正在擦拭地板上的污渍，他每擦拭一次就要很虔诚地磕一个头。贝里奇有点想不明白，于是问他这样做的原因。这位黑人回答说，他这是在感谢一位圣人。因为是这位圣人帮助了他，让他找到了这份还不错的工作，让他能够有一口饭吃。

贝里奇于是笑了笑说："我之前也遇到过一位圣人，大约是在20年前，我在南非的大温特胡克山遇到了他，并且得到了他的指点，也正是因为这个原因，最终我成为了美孚石油的董事长。"

这位黑人小伙子听完之后就决定去寻找这位南非的圣人，但是他没有找到。他非常失望地找到贝里奇，然后对他说："我到了那座山上，发现除了我自己之外，没有其他任何人，哪里有什么圣人啊？"然后贝里奇对他说："你说得很对，其实这个世界上除了你之外，没有其他的什么圣人。"

在20年之后，这位黑人小伙子成为了美孚公司在开普敦的总经理，他的名字叫作贾姆讷。在一次记者招待会上，他说道："当你看到自己的那一天开始，你就遇到了你生命中的圣人。"

上帝非常公平，他给予一个人缺点的同时也会给予这个人很多优点，所以我们自己要懂得发现自己的优点，认识到自己的优点，而不是只看到自己的缺点，不能只知道自卑。我们要能够走出自卑的阴影，然后发挥出自己的优点，从而最终实现自己的梦想。

在这个世界上，每个人都是独一无二存在的，每个人也都是大自然最为伟大的创造，所以我们要正确认识自己的价值，能够超越自卑的心理，让自己从自卑中走出去，积极发挥自己的潜力，这样就能够成就一番事业，就能够最终摆脱平庸的人生。

我们每个人都是造物主的恩宠，但是我们每个人都有自己的缺点。而伟大的人之所以伟大，就是因为他们懂得化自卑为成功的催化剂，这样他们就会离成功越来越近。

自强，能改变平庸的生命

　　"自强不息，厚德载物"，这是清华大学的校训。清华大学的这句校训来源于《周易》，在其中有这样两句话："天行健，君子以自强不息"（乾卦）；"地势坤，君子以厚德载物"（坤卦）。其实君子能够像天宇一样不断运行，就算是现在的生活颠沛流离，但是也不能屈服于此。我们在待人处世的时候需要像大地一样，能够承载所有的东西。其实清华大学的这个校训展现了中国传统的一种自强不息的精神和态度，算得上是最为优秀的校训了。

　　在安溪县有一家盲人按摩中心，是一对三十多岁的盲人夫妻开的，男的名字叫李建成，妻子的名字叫陈秀冬。他们虽然是一对非常普通的夫妻，但是他们却有着非常感人的一段自强不息的经历。

在 1992 年，双目失明的李建成在安溪县残联的帮助下和拥有同样命运的陈秀冬见面了，他们一起到陕西省宝鸡市一所中专学校中学习按摩技术。两个异乡来的孩子有着相同的命运，所以他们同病相怜，在学习上相互帮助，在生活上也相互照顾，慢慢地两颗心越来越近了。

经过认真和刻苦的学习过程之后，毕业之后的李建成和陈秀冬一起在福州、泉州、晋江等地的盲人按摩中心打工。因为他们吃苦耐劳，慢慢地有了一点积蓄，在 2000 年的时候他们共同创办了"安溪县盲人按摩中心"。他们两人的技术非常好，而且服务态度非常好，所以他们按摩中心的生意非常好，全国各地的客人甚至新加坡、马拉西亚等地的华侨也都慕名前来。

而在当年他们也迈进了婚姻的殿堂，在生活中夫妻二人是相敬如宾；在事业上他们二人也是齐心协力。在他们最初创办盲人按摩中心的时候，最大的问题就是资金的问题。现在他们两人因为经营妥当，所以已经有了一定的积蓄。想起当年的艰难，夫妻二人对现在的生活非常满意。

在取得了一定的成功之后，夫妻二人对以前的所有盲人兄弟姐妹们也给予了一定的照顾，凡是找上门来的他们都会给予帮助。现在他们的按摩中心总共雇用着六位盲人兄弟姐妹，除了每个月给他们工资之外，他们还提供了免费的食宿，甚至还会将他们这些年总结的一些经验和教训都无偿教给他们。

在他们的按摩中心里，先后出了好几位走上按摩推拿的自强之路的盲人。比如有一位吴某，他在 2000 年的时候跟随李建成学习按摩技术，3 年之后自己在厦门也开设了一家盲人按摩中心，现在他的事业也非常旺盛；还有一位刘某，在 2003 年开始学习推拿按摩技术，现在在厦门的另一家按摩中心工作，有着一份非常稳定的工作……而李建成夫妻总是在说，他们最大的心愿就是让所有的盲人兄弟姐妹都拥有谋生的本领，都能够过上美好的生活。

而李建成夫妻还自己编写了几句诗，一直鼓励自己，也鼓励所有的盲人朋友。"双盲夫妻打天下，自己创造一个家，希望大家来相助，永远站着不倒塌。"

李建成夫妻正是凭借着自己的自强不息最终取得了成功，虽然他们身体上有残疾，但是他们没有抱怨，更没有放弃，他们没有给自己的失败找借口，而是凭借着一腔热血开始艰苦奋斗。他们自强不息的道路就说明了：只要自己肯做，就能够取得成功的道理。他们对平庸的命运说："不！"

自强不息不仅是一个民族的精神，也是一个人的优秀品质。而自强不息包含的内容很多，不仅是在挫折面前表现出的努力和拼搏，还包含一种乐观积极向上的态度。另外，我们需要将这种精神付之于行动中，我们需要一种脚踏实地的做事风格。说起来容易做起来难，我们需要不断坚持自己的这种精神。我们在实际执行的过程中需要养成一种勤奋的习惯，这样我们的自强不息就能够坚持下去了。

人的一生会很快，而且在这个过程中变幻莫测。如果我们是拥有天赋的人，那么自强不息就能够更大程度上帮助我们；如果我们在天赋方面有所欠缺，那么同样我们会因为自强不息而取得一定的成功。我们的命运掌握在我们自己勤勤恳恳的态度中，其实推动世界进步的并不是那些严格意义上的天才，反而是那些自强不息的普通人。

一个人就算是天赋异禀，但是，如果他没有自强不息的态度，不能够做到有毅力和有恒心，那么他们最终会被那些和他们相反的人打败。如果不能够拥有自强不息的精神，那么再高的天赋都会被消磨殆尽。任何美好的东西只有在经过了付出之后，才会变得更加地珍惜。

所以，如果想要改变自己的命运，想要摆脱平庸的生活，最终实现自己的理想，就需要做到自强不息，就需要不断拼搏奋斗，只有这样才能够实现理想，造就非凡的人生。

锲而不舍，自强不息，是意志力的表现，同时也是一种高超的智慧。我们要坚持自强不息，要懂得这种精神的可贵之处，那么我们的生命就会创造奇迹。

坚持，不懈之后才见成功

　　谁都不知道明天到底会发生什么，谁也都不知道明天的自己到底是什么样子。但是今天我们可以选择，我们可以坚持去做某件事情，那么我们的明天就掌握在我们自己的手中。

　　不管路有多长，都需要一步一个脚印地去走；而不管路再短，如果不去迈开双腿，那么终究无法走完。成功的道理也是一样，成功很看重坚持，如果想要取得成功就需要不断坚持下去，需要不懈地努力。而很多人的成功都是经历了很长时间的痛苦以及很多次失败之后得来的。"失败乃成功之母"，最终的成功其实是对之前失败的奖励，同时也是对坚持者的奖赏。古往今来的很多成功者都是凭借这种坚持而最终取得成功的。

  东晋大书法家王羲之被后人称为"书圣",他有一个儿子叫王献之。王献之是他的第七个儿子,他的天资聪颖,也非常好学,在他七八岁的时候就跟随着父亲学习书法。有一次,王羲之看到王献之正在聚精会神地练习书法,于是悄悄走到他的身后,然后猛地去抽王献之手中的毛笔,但是王献之握笔很牢,并没有被父亲抽掉。王羲之对此很高兴,他连连赞赏道:"好好练习,以后必成大器。"

  王羲之还曾经对王献之说:"你只有将院子里那十八口缸中的水写完,才能够让字显得有筋有骨、有血有肉,直立稳健。"最初王献之对父亲的要求颇不以为然,但是他还是继续勤奋练习。他坚持写完了三口大缸中的水,自认为已经在书法方面小有成就了,于是他将自己认为满意的字拿给父亲看。谁知道王羲之对这些字只是摇摇头,不做任何的肯定。直到最后他看到一个"大"字的时候,王羲之才露出了较为满意的神情,然后在这个字的下面点了一个点。王献之又将自己的字拿给母亲看,母亲认真看完所有的字之后,然后对他说:"吾儿磨尽三缸水,唯有一点似羲之。"这个时候王献之才知道自己和父亲之间的差距,于是他更加认真地练习书法,最终他真的写完了十八口大缸中的水,自此他的书法也是有所成就了,而他和父亲一起被称之为"二王"。

王献之凭借着坚持不懈的精神，终于赢得了和父亲齐名的声誉。陶渊明也曾经说过："勤学似春起之苗，不见其增，日有所长；辍学如磨刀之石，不见其损，日有所亏。"正是此理。

其实任何圣贤的学问都不是一天两天成就的，他们中的很多人白天的时间不够用的时候，就会在夜晚继续学习。他们这样日积月累地学习，最终自然可以有一番作为。古人云："圣贤之学，固非一日之具，日不足，继之以夜，积之岁月，自然可成。"

其实不管是学习还是做事情都不是一蹴而就的，这些永远都没有一个规定好的标准，都是永无止境的事情。人们需要时刻保持着进步的心态，然后才会取得一定的境界。

世界上的很多事情都犹如在逆水中行舟——不进则退。凡是有所成就的人，都是因为他们能够坚持不懈，能够不断追求自己的理想。一个能够成就大事业的人，都是看重了坚持不懈的态度。如果有一点点成就就变得沾沾自喜，就感觉自己比别人高一等，那么迟早有一天自己会因为自己的小聪明而栽跟头的。

坚持不懈、持之以恒，只有将这些坚持下去，那么终究有一天能够"滴水穿石"。相反，如果做事情经常半途而废，任何问题都是浅尝辄止，这种心态只能够让人止步不前，最终也不会取得任何的进步和发展。其实功到自然成，在成功的路上遇到困难非常正常，我们需要不断去克服这些问题，最终成功就会出现。

　　柔软的水最终能够穿透石头，就是因为水能够做到坚持不懈。比如人们寻找成功一样，我们也会经历一个非常长的寻找光明的道路，勇敢者能够拥有坚定的气魄，能够自信地走下去；但是胆小的人却会因为种种原因而选择放弃，那么他们终究无法看到光明。其实我们只需再多一点点努力，我们就会惊喜地发现，其实我们的周围到处都是绚丽的花朵。

心灵，需要不断地去唤醒

　　当你遇到不顺心的时候你会怎么做？当你的生活不如意的时候你会怎么做？当你找不到自己的前进方向的时候你会怎么做？当你对生活失去信心的时候你会怎么做？当你感觉到无助的时候你会怎么做？不要选择抱怨，因为当你抱怨的时候，一半人在以你的痛苦为乐，而还有一部分人根本就不会在乎你的抱怨和痛苦。

　　很多人都会采取指责和抱怨等方式来博得别人的同情，从而以安慰自己脆弱的心灵。但是时间长了，他的这种情绪就会让人感觉到反感，于是很多人就会对他敬而远之。所以我们需要懂得控制自己的思想，从而抗击干扰。我们要懂得会和自己对话，用自己的方式唤醒自己沉睡的心灵,从而感受到自我的存在。

在某公司有一位工作认真、积极上进的好员工叫阿旺,他在公司中人缘很好。有一天在下班之后,老板约他一起去吃饭。这一天晚上的气氛非常好,大家在一起都聊得很开心。他们在聊天的时候谈到了他们所处的居住环境,此时阿旺一脸委屈地说:"我现在租住的房子旁边正在搞装修,每天晚上都能听到嗡嗡的声音,就算是周末我都没有睡过好觉。而且外边也是有很大的风沙,我都不敢开窗子,我都有点受不了这种环境了。"大家听到之后都很同情阿旺,但是他们又有了新的疑问,有人说:"既然这样,那反正是租住的房子,那你为什么不选择搬家呢?"

其实,很多时候我们也就像阿旺一样,我们本来有选择的权利,但是我们却什么都不做。理想和现实有很大的差距,我们很多时候都喜欢采取抱怨的方式来博得别人的同情,从而感受到一定的心理安慰,获得短暂的快乐。其实这种快乐是不可取的,甚至对自己没有什么好处。我们在不断埋怨的过程中其实也是在给自己制造痛苦。

尤其是在职场中的年轻人,他们都喜欢抱怨说:"我现在在公司做了这么久了,就算是没有功劳,也有苦劳啊,为什么老板始终都看不见呢?为什么他不给我加薪呢?"其实他们不知道他们在抱怨的同时已经为自己制造了很多的痛苦，他们完全可以通过正常的渠道去解决这些问题。

人们的抱怨声中其实包含着其他的含义，那就是："我是一个受害者，现在所发生的这些事情都让我感觉到很无奈；我是一个非常无辜的人，我需要别人给予我的安慰。"但是倾听者并不会这样认为，他也听不懂这些意思，他们反而会认为只知道抱怨而不知道找办法解决问题的人是生活中的弱者，他们是需要同情的。很多人就是为了追求被同情的这一点感觉，从而被周边的人反感和孤立，这实在是一种不明智的举动。

与其向别人索取同情，还不如自己努力一些去寻找快乐。如果我们感觉自己的工作不是很顺利，那么我们可以认真地和自己的上司谈一谈；如果感觉上下班的路上非常拥挤，那么我们不妨去寻找一条全新的路线；如果我们感觉到周围的施工对我们有影响，那么我们不妨重新租一套房子……我们其实可以合理应用自己选择的权利，将一些不尽如人意的东西全部避免掉，这样的话我们的抱怨和指责就会少很多。

其实想要获得快乐的方法非常多，但是大多数都是依靠自己强大的内心来实现。我们需要将自己的思想集中，然后用在有意义的事情上。另外，我们还需要时刻关注我们的内心世界，以早日发现自己的真实意图，从而弄清自己到底想要什么。

如果你想要斩断自己错误的意识，就需要经常考虑一个问题，那就是："我们能够做什么？"能不能回答出来这个问题并不是很重要，关键是我们在思考这个问题的过程。比如我们经常在开会的时候会发呆，在这个时候我们就可以思索这个问题；还有我们平常在休息的时候，也可以思索这个问题，等等。这短短的一个问题就像是一个警钟一样，时刻在我们的耳边敲响着，那这就会切断我们的错误思想，从而让我们始终保持冷静的思考能力。如果我们能够养成这种扪心自问的习惯，之后我们就能够时刻拦截我们的错误意识，从而避免浪费我们的能量和时间。

我们需要控制好我们的本心，对自己的思想有所限制，这样我们就能够明白自己的真实意图，能够了解到自己的追求。也只有这样才能够真正唤醒自己的内心。

曾经有一个男青年在驾车的路上撞到了一位女士，于是将她送到了医院，好在是没有什么大碍。在接触中两个年轻人产生了感情。男青年将他们的故事讲给身边的人听，大家都认为是一次天赐的良缘，于是都鼓励男青年对女孩展开爱情攻势。结果经过一年时间的追求，这个女孩终于答应了男青年的爱意，但是此时男青年却有点犹豫了。因为在这一年时间中他已经开始理解这个女孩，知道了一些对方的爱好和习惯，发现两个人根本不是一个世界的人。如果当初他能够先问一问自己："这的确就是我想要的吗？"那么或许就不会浪费自己的感情了，也不会耽误人家女孩了。

　　一个简单的问题能够让我们更加清醒地认识自己的内心世界、了解自己的本意和想法。我们需要养成自己和自己对话的习惯，这样可以帮助我们走出迷失的困境中，从而把握好自己生命的每一刻。

　　著名的"温水煮青蛙"其实也能够说明这个道理。将一只青蛙放到温水中，然后一点一点加热。在最初的时候水温不是很高，所以青蛙根本感觉不到。等到时间长了，水温使它受不了的时候已经来不及了，就在它快被煮熟的时候它也没有做出任何想要逃跑的动作。

　　我们其实也一样，经常像青蛙一样在无意识中慢慢接受了周围发生的事情，而最终也慢慢迷失了自己。相反，如果我们能够细致地观察周边的事物，能够感觉到周围的变化，提高自己的洞察力，或许任何事情都可以顺利转变了。

　　美国有一个丈夫很有意思，他在得知自己的妻子怀孕的消息之后就开始学习摄影。等到女儿出生之后，这位父亲每天都坚持为自己的女儿拍一张照片，从没有间断过。直到自己女儿的结婚典礼上，他将自己二十多年所拍摄的照片全部交给了自己的女婿，并且希望他能够将这件事情继续下去。父亲用自己的照片见证了自己女儿的成长和变化。

假如我们每天做不到拍照或者写日记，就很难感觉到我们昨天和今天的不同，此时我们就会感觉我们没有任何的变化。所以当我们发现白头发出现在我们头上的时候会大喊大叫，会因为看到自己的脸上有皱纹的时候而尖叫，会因为发现自己的牙齿松动而悲伤……其实生命的钟表从来没有停止过，我们现在所感受到的都是一天一天变化而来的，不是突然来到的。如果我们无法意识到自己生命的无常，那么就很难开启自己内心最为强大的力量。

曾经有一个犯有经济罪的犯人对媒体讲了这样一个故事。

我小的时候家里很穷，有一天我和母亲一起去买菜，我看中了一个玩具摊位上的小汽车，想要母亲给我买，但是她一直不肯，最后还动手打了我。从那个时候我就发誓，长大之后我要拥有我想要的一切。所以之后我开始认真读书、开始努力工作、开始努力赚钱，当我想要跑车和豪宅的时候，我就开始四处钻营，最终实现了我的想法，但是我开始变得不认识自己了。

这个经济犯对物质的渴求一直在增长，但是这些细微的变化他都没有觉察到，才使得他开始一步一步走向犯罪的深渊。他认为一点点的贪婪是不会有什么影响的，但是一点一滴的变化发生了质变，在此时他才开始意识到自己已经走向了犯罪的道路。

　　我们需要把握自己生命的每一刻，从而对自己的麻木心灵进行唤醒，这种情况下我们才能够正确认识自己，才能够不在生活和工作中迷失自己，从而做一些有意义的事情。把握生命中的每一刻，唤醒麻木的心灵，时常审视真正的自我，才能切断偏离航线的思维意识，做有意义的事。

活络，能屈能伸善用策略

　　在生活和工作中处理事情需要懂得进退取舍，对待一些特别的事情可以采取一些权宜之计。有的时候我们需要遵循常规去处理问题，有的时候我们则需要采取一定的权宜之计，或许这种方法会取得更好的效果。人性不存在强弱的分别，如果你遇到了自己无法处理的问题，那么就不必为了争强好胜而和对方进行死扛，其实此时我们就可以采取权宜的计策。

　　这种权宜之计很多时候表现为一种智慧。中国有句古话"秀才遇见兵，有理说不清"。为什么会造成这样的结果呢？就是因为兵并不会和秀才说理，他们两人处理问题的方法完全不同。

在三国时期，刘备因为讨伐黄巾军有功，所以被提升为安喜县尉。就在他上任后不久的几天里，代表郡守督察下属各县官吏的督邮来到了安喜。这位督邮本就是一个贪赃枉法的人，他每到一个地方都习惯收受贿赂，而如果有人不给他贿款的话，那么他就会参上这个人一本。刘备因为是刚刚上任，而且对这位督邮不是很了解。加之他本人为官清廉，所以也就没有给这位督邮送礼。因为这个缘故督邮拒绝和他见面，刘备一气之下决定辞去官职，于是他就带着关羽和张飞，然后拿着自己的安喜县尉大印，一起去找这位督邮。

督邮看到刘备来了，刚开始还以为是来送礼的，于是非常高兴地和他见面了。但是最终发现刘备根本就没有送礼的意思，于是他的脸色就变了，他非常轻蔑地对他说："你的出身是什么？"刘备对他说："我是汉朝宗室，中山靖王后代，因为在之前平定黄巾军有功，所以被升为安喜县尉。"督邮听后就更加生气了，于是他说："刘备啊，刘备，你居然敢冒充宗室、冒领军功，我这次就是代表朝廷来查处你们这些人的。"刘备本来还打算继续分辩的，谁知张飞早就忍受不住了，他冲上去，不由分说揪住这位督邮就开始拳打脚踢。刘备对此也没有阻拦，直到最后打得差不多了，然后才出来相劝。接着他将安喜县尉的大印挂在督邮的脖子上，三人骑着马离开了。

其实对付这种人，的确不需要太多的理由，"欲加之罪，何患无辞"，这种时候就需要一个张飞这样的人物，揪住他当场打一顿，之后的事情就简单很多了。

其实，如果我们碰到的是一个蛮不讲理的对手，那么我们一定要显出比他们强的一面来，当然我们并不一定要采取暴力的手段，武力并不是解决问题最好的办法。其实很多人都是在寻找着比自己强大的人，因为他们不愿意输给一个不如自己的人。如果我们在一个蛮不讲理的人面前示弱了，那么只能给自己徒增一些不必要的麻烦，我们一定要展示自己强大的一面，然后让对手望而生畏。

在我们的现实生活和工作中就需要善于应用这种策略，如果应用得当，很有可能取得意想不到的效果。而这里展示自己的强大，只不过是一种自卫性的行为，我们不要去有意侵犯他人。

孔子在周游列国的时候，他的马跑脱了，于是吃了庄稼，农民有点不开心了，他扣住了马不让离开。孔子的弟子子贡是一个能言善辩的人，他主动说去讨回马，但是他费尽了周折也没有将马要回来，因为他的语言和庄稼人的不是一个路子，子贡只能回来给孔子汇报。听完子贡的汇报之后，然后孔子说："你讲的全是一些大道理，谁能够听懂呢？我看还是让我的马夫去解决这个问题吧。"

马夫见到庄稼人之后，对他说："我说伙计，你说你种庄稼怎么可能不出一点问题呢？我们还要赶路，要不把马还给我们吧。"庄稼人听到马夫的话之后，就接上茬，然后两个人聊了起来，并且最终将马高高兴兴地还给了他们。

其实遇到什么人就需要讲什么话，就需要采取不同的策略。马夫虽然没有给庄稼人讲什么大道理，但都是他们能够听懂的话，所以最终还了马。而子贡虽然讲了很多有道理的话，但是他的话不被庄稼人所接受。孔子是一个能够通晓人情、善于用人的人，他知道马夫能够做到子贡无法做到的事情。其实历史上有过很多这样的事情，就比如宋太祖巧选陪伴使的故事。

南唐三徐在江东一带非常有名气，他们都是知识渊博的人，尤其是散骑常侍徐铉的知名度非常高。当时南唐派遣徐铉到宋朝来谈关于朝贡的事情，宋朝也派出差官做陪同。当时很多人都担心差官的语言能力比不过徐铉，所以都非常为难，一时间也找不到合适的人选。此时太祖看到大家都没有什么好的办法，于是让大臣们出去然后一个人在那里思考，过了一会儿他想到了一个好主意，他传出旨意："命将殿侍当中不识字者录名十人，进呈。"下面的人虽然感觉很奇怪，但还是按照这个命令办了，然后将名册递交给太祖。太祖看完名册就答应了下来。大臣们更是无法理解了，但是都不敢阻止太祖的意思。

殿侍不知道什么情况，但是又不敢违背太祖的意思，于是硬着头皮去见南唐的使者去了。当时徐铉自打来到宋之后就口若悬河，讲得头头是道，其他听的人都没有办法应对，而殿侍来了之后，也不做回答，只是哼哈答应。徐铉也不知道对方葫芦里卖的是什么药，但还是絮絮叨叨说个不停。但是好几天过去了，殿侍还是同样的态度，徐铉从其他地方也打听不到消息。

其实太祖在位时，朝廷上尚有陶毂、窦仪等能辩之鸿儒为官，如果将他们派遣去和徐铉见面，想必双方也能够辩驳一番，但是太祖有自己的考虑。南唐刚降，急需安抚和稳定，如果和他们有了舌战，很容易导致不稳定的因素，与其这样，还不如不争论呢，而这样也显示了宋的大度。太祖深谙兵法，自然懂得这个道理。他采取的就是用不具有智慧的人去对待这些聪明人，他的这种做法非常奇妙。

在我们的生活中如果遇到实力非常强硬的对手，而且已经察觉到对方的实力超过我们，此时我们就没有必要为了面子而和对方大动干戈，这样的硬碰虽然能够让对方有所折损，但是对自己的损害会更大，此时我们不妨用愚笨的方法去对待他们。

"以智欺愚，胜之不武"，真正有智慧的人是不会采取这种办法的。但是也有一些有小聪明的人喜欢去欺负愚笨的人。所以有时候我们可以略微显示一点愚笨，这样会迷惑对方，让对方摸不清你的底细和实力，这也为自己保留了一定的余地。

而如果采取"以愚应愚"的办法，那么在沟通上就能够做到无障碍。要知道聪明的人很难形成和愚笨人的沟通。当然一个人可能一时间无法改变自己的愚或聪明，但是人们可以以示智或示愚的方式，从而为自己争取到一定的有利位置，从而改变对自己不利的形势。

而在人性的世界中并不存在绝对的聪明或者愚笨，聪明和愚笨都是相对的。因为人是比较聪明的，他们可以通过自己的学习、经验来改变自己的愚笨。

人具有一定的能动性，在一定的社会实践活动中，他们能够不断为自己积累经验，并且将自己的这种经验不断完善。一般情况下，在社会实践中总结出来的经验和教训，是人们在之后的社会行动中采取行动的指导和依据。我们如果能够主动遵循一定的经验和定律，那么就可以让事情变得更加顺利。但是，有的时候如果我们能够一反常规去做事，反而因为足够灵活而取得了意想不到的胜利，像上面介绍的"以愚笨对待聪明"就是一种不错的方法。

反其道而行之就是一种高深的智慧和处理事情的方法，不过我们在操作上一定要注意"度"的把握。

据说，当年楚庄王在争夺中原霸主地位之后，就开始过上了声色犬马的生活。有一天，他心爱的一匹马死了，楚庄王非常沮丧，他决定为自己的马发丧，并且还准备用很好的棺木埋它。对此大臣们都苦苦相劝，但是楚庄王一句都听不进去。就在这个时候，在殿门外传来了哭泣的声音，而且听起来非常悲惨。楚庄王很奇怪问左右是谁在哭，原来是他身边的侍臣优孟。楚庄王很奇怪，就问他哭什么，优孟一边擦着脸上的泪水，一边说："堂堂楚国，何求不得？王所爱马，葬如大夫，薄也！请以人君礼葬之，雕玉为棺，文梓为椁，老弱负土，邻国陪泣。"优孟的话还没有说完，群臣已经脸上露出了笑容。楚庄王听完了他的话之后，心里沉思了很久，终于还是收回了成命。优孟就是巧妙地将自己的想法隐含于热烈的赞颂之中，他的这种反语的做法，让楚庄王感觉到了震惊，最终收回了成命。如果优孟采取的是强谏的方法，那么很有可能惹恼了楚庄王，最后导致一个悲惨的下场。

反其道而行之是一种非常好的解决问题的办法，但是我们一定要对主观和客观的因素都有一个准确的把握。从这个角度来讲，其实这种方法并没有违背常规，只不过是顺应着事物的发展规律在做事而已。

我们再来看一家瑞士钟表店是如何做到这一点的。

　　这家钟表店居然将自己的"家丑"宣扬了出来，但是最终却取得了巨大的成功。有一段时间这家钟表店的生意非常不好，门庭冷落，于是店主人贴出了一张海报，说是本店有一大批手表，这些手表走的时间都不准，在走 24 个小时之后就会慢 24 秒，希望各位顾客看准了再来购买。而他的这种做法居然吸引了很多的消费者，一时间变得门庭若市，没有几天时间就将库存积压的一些手表全部都卖出去了。

　　这家店主采取的这种措施就非常明智，他反其道而行之，反而是赢得了顾客们的信任。他将自己的"家丑"宣扬出来，这种做法虽然违背了商品经营的规律，但是却赢得了顾客们的信任。

　　用变化的眼光去看待周围发生的变化，最终取得胜利和成功。如果一味守着规律，不懂得变通，那么很容易遭受到巨大的打击。

专注，先要做好眼前的事

人都有明天，但是每个人也都有今天。如果今天你都没有做好，那么期待明天又有什么用呢？或许明天到来之后情况会更糟糕。我们需要专注于眼前的事情，先将这些事情做好，然后再去图求更大的发展。

西奥多瑞瑟有一次问爱迪生说："成功的第一要素是什么？"爱迪生回答说："能够将身体和心智方面的能量都运用在同样的一个问题上，并且能够坚持不懈地去做。我们每天都在做事情，如果从早上的七点开始的话，那么到晚上的十一点睡觉，总共有整整十六个小时，对于很多人来说，他们在这段时间里做了很多事情，但是我只做了一件事情，如果他们能够将这些时间用在一件事情上，那么他们就能够取得一定的成功。"

　　做任何事情的时候都要做到一心一意，这其实就是爱迪生成功的秘诀。其实一个人选择得越多，那么他的精力也就越分散，自然就无法全身心地投入到一件事情中。成功不需要有很多的目标，只要有一件事情，然后努力做下去，不管这件事情有多么地不容易，只要自己专心于此，只要自己肯去探索，那么就一定会完成的。

　　戈登·布朗出生在一个普通的苏格兰牧师家庭，他小的时候就有着远大的目标和志向。他在高中快毕业的时候，遭遇了变故。戈登·布朗在一次橄榄球的比赛中，被对手踢中了头部，左眼的视网膜脱落了，经过了几次手术之后还是没有取得很好的效果。

　　这个打击对于年轻的戈登·布朗来说，简直是致命的。很长一段时间里，他总是郁郁寡欢，不管父母怎么开导他，都没有任何的收获。后来戈登·布朗的哥哥约翰休假回到家中，约翰想要帮助戈登·布朗走出低谷。于是他带着戈登·布朗来到了房间后面的山冈中，他和弟弟一起练习瞄准对面橄榄树的树枝。约翰先是举起枪，然后眯起左眼连开了三枪都没有打准目标，然后他将枪交给了布朗。布朗的前两发也同样射偏了，他也感觉有些难过。于是约翰鼓励他说："不要放弃啊，你手中还有一颗子弹呢。"

结果，布朗聚精会神终于击中了目标，约翰非常兴奋地抱住布朗说："其实我刚才努力想要闭住左眼去瞄准，但是感觉很吃力，其实在这一点上你比我有优势多了，因为上帝帮你蒙住了一只眼睛，你可以专心去瞄准了。"

戈登·布朗听懂了哥哥话里的意思，于是第二天重新回到了学校，然后振作了起来。之后16岁的戈登·布朗获得了爱丁堡大学的奖学金，而且也成为了获得这个奖学金年龄最小的学生。

24岁的戈登·布朗发表了著名的《苏格兰红皮书》，他认真分析了苏格兰当时的情况。反而是他眼睛上的疾病激发了他奋斗的决心，也正是因为此使得他在政坛上开始迅速发展。在他46岁的时候，他成为了英国历史上任期最长的财政大臣。他在很多次演讲的时候都非常自信地说："我的左眼被上帝蒙起来了，他就是希望我能够认真专注地去做事情，能够专注到我的目标，能够执着地一往直前。"

看到上面的故事之后，我们应该学习戈登·布朗这种奋斗的精神，在逆境中找到自己的目标，然后坚持下去，用自己执着的精神改变现在的状况。一个人的精力有限，如果将精力分散在很多事情上，那么就是一种不够明智的做法，同时也是不够切合实际的做法。其实很多时候我们所要做的不是去选择做什么，而是选择不该做什么。如果一个人坚持要成功，那么就需要选择对一条路，然后坚持走下去。

不过要想执着做一件事情，还需要注意以下几个方面。

首先，要了解清楚自己的喜好，并且对自己的优劣有一定的了解。这些都能够帮助我们确定之后的目标，如果一个人无法明确自己的目标和方向，做的事情也不是自己擅长的事情，那么很容易导致最后的放弃。掌握好自己的长处，然后在这件事情上坚持下去。

其次，时间不允许我们同时做很多事情，既然这样我们就不要贪心了，要不然还是无法让自己取得成功。在生活中有很多岔路口需要我们去选择，但是生活却告诉我们，我们需要专注于眼前的事情，然后将这件事情做到最好。

生活中有太多的诱惑，这些诱惑随时都会进入我们的身心，如果我们一直爱转换我们的目标，没有集中精力去完成眼前的事情，那么再伟大的事情都会落空的。所以我们要懂得专一，不够专一的人很难取得成功。

再次，任何事情不是说耗费了时间就是可以做好的，在未来的路上我们不知道会发生什么，会有怎样的变故，所以我们需要学会坚持和执着，我们只有不被困难打倒才能够看到成功的曙光。而执着就是成功路上不可或缺的妙方，我们要坚持，这样成功就会离我们越来越近。

最后，我们还需要自信。如果我们选择了一件事情去做，就要拿出十二分的自信去对待。而在此过程中，如果遇到了困难一定不要焦虑，而是应该始终保持一份自信的心态去面对问题，我们只有保持了这份心态，才能够更加关注地去面对成功路上遇到的所有问题。

辑四　>>>

与冒险的自己相遇

——冒险是青春走向别处的第一站

如果你忘记了你还有理想，那么你只能停留在这里；如果你忘记了前面还有路，那么你的人生就不足够完美。准备好了吗？开始一段奇妙的冒险青春，在这段青春里你会找到自己，你会知道原来人生还可以这样。我们期待意想不到，我们渴望奇特事情的发生，如果你还有勇气，那么就开始一段冒险的青春吧。

机会，要懂得及时地把握

　　成功是一件非常难的事情，但同时它也不是一件不可完成的事情，因为毕竟有很多人取得了成功，站在了成功的顶峰上。其实这些人之所以能够取得成功，主要是因为他们懂得把握机会，也善于把握机会。

　　大作家狄斯累利说："人生成功的秘诀是当好机会来临时，立刻抓住它。"一个人是否能够把握机会是自己能否成功的前提，不论是一件小事还是整个人生，都是这个道理。机会就是我们前进路上的契机，是我们取得成功的关键。

　　我们来看这样一个故事。

　　曾经有一个美国的老人在看报纸的时候，发

现在《纽约时报》上刊登着这样一则消息：某某海滨城市正在出售一栋豪华的别墅，这栋别墅靠近海边，有花园草地，还有一个小型的游泳池，而售价只是一美元。

一美元？这位老人感觉很奇怪，同时也感觉很荒唐。他在想到底这些广告商们耍了什么花招，于是老人对这件事情嗤之以鼻。他也想：现在的商人为了赚钱，真的是能想出很多的花招。

但是在接下来的日子里，这位老人一直都能够看到这个消息。在一个月之后，这位老人有点沉不住气了，于是他就想，说不定天底下真的有这样的好事，而且这个海滨城市离自己也不远，要不然找个时间去看看。

于是在第二天，这位老人做了一点准备之后就出发去这个海滨城市了。老人按照广告上的指示，很快就找到了这栋别墅，这栋别墅的确是一栋非常气派的别墅。老人此时又有些动摇了，难道这么好的别墅真的就卖一美元吗？但是想想自己已经来了，所以也就准备进去看看。

老人按了按门铃，过了一会儿一个老太太出来了，然后请他进去了。老人就直接开门见山地问这栋别墅是怎么卖的。老太太则笑笑说："当然是一美元啊。"老人非常高兴，于是就准备掏钱，但是被老太太拦住了。老人刚想指责这个老太太的不守信用，却看到老太太指着一个正在写东西的人说："先生，他比你早来了一个小时，他已经在签订合同了。"

　　老人仔细看了看对方，原来是一个衣衫褴褛的流浪汉，老人非常不解地问："难道他真的花了一美元买下了这栋别墅？"老太太点了点头，老人还是不相信，于是就问道："难道没有什么其他的附加条件吗？"老太太摇了摇头。此时老人心里非常遗憾，但还是不敢相信天底下真的有这样的好事情。

　　后来，老人才知道这位老太太的丈夫在离开人世的时候立下了一个遗嘱，要将这栋别墅换来的钱全部送给他的情妇，所以老太太在盛怒之下决定以一美元的价格将这栋别墅卖出去。但是这则消息在刊登了之后一直没有人相信，很多人都认为不是真的，只有这个流浪汉相信了，并且获得了这栋别墅。

　　其实这个故事就说明了，很多时候人们就是因为自己的疑心而浪费了很好的机会。这虽然是一个非常极端的例子，但却是对珍惜机会的最好解释。培根说，犹豫怀疑的结果就是错过了机会。虽然我们无法创造出机会，但是我们只要懂得把握机会，我们同样是可以取得成功的。机会总是会和我们擦肩而过，我们需要懂得珍惜机会，不要让自己一事无成。

　　机会就像是一个飞翔的天使，她从一个窗口飞进来的时候，很容易从其他的窗口再飞出去，如果我们不懂得珍惜和把握，那么我们就会经常和后悔相伴了。在我们的生活中我们经常能够听到这样的声音："要是那样就好了"，"如果我能够怎样……该多好"，"假设我没有……就成功了"，等等。机会是不讲条件的，我们唯一要做的就是珍惜机会。

要想成功就要懂得把握机会。比尔·盖茨之所以能够成为世界首富，就是因为他懂得把握机会，他把握住了一个新兴产业的市场；马云本来只是一个英语教师，但是现在他却是电子商务王国的巨无霸，就是因为他懂得把握机会。其实我们身边的例子不胜枚举，很多时候我们总是能够看到成功的可能，但就是因为没有积极把握，而让成功和我们擦肩而过。

比如创造腾讯王国的马化腾就是这样一个人。他能够成为中国互联网巨头腾讯公司的总裁，和善于把握机会不无关系。

1992 年，马化腾毕业于深圳大学计算机专业。那个时候他就像所有的毕业大学生一样，虽然感觉到未来非常迷茫，但是他的内心深处同样还是有着无限的憧憬，他希望能够通过自身的努力，从而让自己走上成功。

在 Internet 还没有普及的时候，有很多网迷已经通过慧多网感受到了网络的乐趣，马化腾就是这样的一个网民。他在尝试了慧多网带来的喜悦之后，于是他就自告奋勇用 5 万元买来了四条电话线和八台电脑然后将这些摆放在家里，开始担任起了慧多网深圳站站长的工作。

马化腾特别懂得珍惜机会，在很长一段时间里，他看到了互联网发展的线路，他希望能够从中找到发展的契机。终于他等到了这样的机会。

那个时候，一个以色列人设计的 ICQ 工具软件流行了起来。这是一种基于 Internet 的即时通信工具，其可以寻呼、聊天、电子邮件和文件传输多种功能。只要电脑用户的电脑上安装了 ICQ，其自动会嵌入到 Windows 系统，成为桌面上的图标，用户每次打开电脑的时候其会自动弹出。

当时马化腾就认为这个工具非常好，而且他发现这款软件居然没有中文版。他想如果能够做一个中文版本，那么肯定会很受欢迎，于是他立马和几个朋友成立了一家公司，想要仿照 ICQ 从而开发一款中国的 ICQ。后来他们的确成功了，他们开发了 OICQ，这也就是 QQ 的前身。

到了 2002 年，在经过三年的发展之后，腾讯 QQ 的用户已经成为了中国最大的注册用户群，当时的注册用户总共有 1 亿 6 千万，而其中活跃用户就有 5 千万，腾讯 QQ 成为了中国最大的即时通信服务网络。

但是，创业是一个艰辛的过程，很长一段时间 QQ 都是有点击量，但是没有利润，有一段时间他差点将 QQ 卖给了别人。对于这件事情，马化腾是深有体会，他说："我们曾险些把开发出的 ICQ 软件以 60 万元的价格卖给别人。现在想来都有点后怕，其实在互联网上发展就不能只看到眼前的利益，很多有才华的网络人才就是因为没有意识到这一点从而失去了长远的发展机会。"

很多人都认为命运很青睐马化腾，但其实主要是马化腾自己抓住了机会。很多人都只是看到了机会，但是不懂得去把握。

我们现在看这些成功的企业家，会发现他们几乎有一个共同的特征，那就是他们都懂得去珍惜机会，他们对市场上的机会有着敏锐的把握能力。就比如娃哈哈公司的宗庆后就是掌握了儿童厌食的这个市场机会，于是推出了广告"喝了娃哈哈，吃饭就是香"；还有恒基伟业把握住了商务人士公务缠身的市场机会，推出"呼机，手机，商务通，一个都不能少"；再比如，长虹就是把握了彩电规模化的市场机会，从而推出了一个"价格战"……

每个人的每一次成功都是依靠着机会和自己的努力。机会可以说是成功的秘诀，机会可以实现我们的理想。如果不懂得珍惜机会，那么很容易导致失败。

命运所青睐的人都是懂得把握机会的人，这些人都对机会有着超强的观察能力，他们看到机会之后，哪怕这个机会很小，他们也会努力去把握。

热情，成就非凡的必备品

在美国作者阿尔伯特·哈伯德的《自动自发》一书中，有这样一句话："成功与其说是取决于人的才能，不如说取决于人的热忱。"

一个人青春活力的展现是在于对工作和生活的热忱上。我们只有将热情融入到我们的生活中，才能够让生活变得多姿多彩，才能够更好地投入到改变生活的过程中。

我们需要不断地在我们的生活中找到能够让我们为之一振的事情，并且对此不断进行探索和追求。在未来发展的路上需要敢于不断挑战和不断挖掘，需要不断通过学习知识和经验，从而增长自己的能力。我们需要不断追求下去，即便是遇到了艰难险阻，我们也应该保持一份热情洋溢的情绪去面对。

我们的工作需要有热情和战斗力，需要给自己找到一定的成就感，这就需要我们给自己制定一个目标，而这个目标就是对我们的一个心理暗示。这样我们就能够坚定地走下去，就能够在面对困难的时候不畏惧，并且敢于挑战生活。

生活大多数时候都是平淡的，所以我们需要充满着热情去面对，我们需要品尝它的所有滋味，品尝之后就会变得五彩斑斓了。

在一个清静的小镇子里，住着这样一对祖孙，爷爷是镇子里面最好的园丁，他对自己的工作非常热爱，并且将自己几十年的年华全部奉献给了镇子里的花花草草。有一天他带着自己的孙子小草一起去参观他的"成就"。祖孙两个人在花花草草中走来走去，于是爷爷问小孙子说："你在这里这么长时间了，你都有什么收获呢？"小草说："爷爷，这个园子非常大，你栽种的树木都非常高，花草都非常漂亮，我非常喜欢这里。"爷爷笑着说："其实以前它们都和你一样都是很小的，我们需要通过浇灌让它们成长，只有对它们充满了热情，它们才能够回馈我们。"

我们也应该像这位老人家一样，对自己的生活、工作要充满热情，只有有了热情才会有强大的战斗力，才能够专注地去做一些事情。我们的热情不能少，探索的精神也非常重要。一个拥有热情的人才能够把握住机会。

工作中的一些技巧和知识能够通过学习而获得，但是对工作的热情是无法学习来的。这种品质源自我们的心底，需要我们不断提醒自己。

热忱是一种态度，是一种做任何事情都需要的条件，我们只有对任何事情充满了热情，我们才能够重视它，从而努力去完成它。如果我们的工作中没有了这份热情，就没有办法坚定地走下去。

定位，要迎接成功的必然

　　我们先来看一个唐代大文学家柳宗元的故事。

　　柳宗元认识一个木工，他们家的木床坏了他都不会修理，但是他却声称自己能够建造房子，他的话让柳宗元深表疑惑。

　　后来有一天，柳宗元在一个工地上看到了这个木匠。他当时正在给别人发号施令，而且表现得有条不紊，在他的指挥下，其他的工匠都井然有序地工作着。通过这一次经历，柳宗元才明白过来虽然这个木工不是一个好木工，但他却是一个优秀的领导者。

　　"其实，垃圾并不是垃圾，只不过是放错了

位置的宝贝。"这句话有着一定的合理性，我们的生命就好比是行星一样，放在什么位置就能够发出怎样的光芒。我们需要找到适合自己的位置，这样我们比盲目地寻求成功要有实际意义。

　　一个成功的人总是懂得给自己定位，而定位就是一个人给自己找到合适的位置，并且给予合适的评价。之前有一位心理学家就感慨地说："我从事心理研究已经有很久了，将近二十年了，我感觉人们最重要的就是懂得给自己定位。"一个人在生活中生存，总是要懂得给自己一个合理的位置，而社会对不同位置的人有着不同的要求。这个社会上的每个个体是按照社会对他的要求从而履行义务的。在这个过程中，人其实是被动的，所以心中总会生出种种的不平衡，人们都会去羡慕别人的成功，但是他们总是忘记了别人成功背后的辛苦和汗水。

　　詹姆斯在高中读书的时候，他的校长就断言说："詹姆斯根本就不适合读书，他的理解能力非常差，到了现在他都无法弄懂两位数以上的计算。"他的母亲听到这些话之后非常伤心，于是她将詹姆斯领回家，她想要依靠自己的力量然后将儿子培养成才。

　　回家之后的詹姆斯有一天路过了一家正在装修的超市，他发现在超市的门前有一个人正在雕刻一件艺术品。詹姆斯倒是对这件事情产生了浓厚的兴趣，于是他凑上前去，然后认真观赏起来。

　　之后，詹姆斯的母亲发现儿子无论看到任何的材料，包括石头、木头等，都会认真研究起来，都要想办法去打磨和塑造这些东西，直到将它们弄成自己喜欢的形状才满足。她的母亲感觉非常着急，她不希望自己的儿子因为这些事情而耽搁学习。

但是，詹姆斯还是让自己的母亲失望了，因为他的成绩没有一所大学愿意录取，就算是本地最不出名的大学也不愿意录用他。他的母亲只好给他说："现在你已经成年了，你应该去走属于自己的路了。"

詹姆斯也意识到自己在母亲的眼中已经是一个彻底的失败者了，他感到非常难过，于是他决定一个人离开家乡，然后去寻找自己的事业。

在很多年之后，詹姆斯所在城市的市政府准备为纪念一位名人而在政府的门前广场上做一个雕塑。于是很多雕塑家开始为市政府献上自己的作品，每个人都希望自己的名字能够和这位名人联系在一起，因为这将是非常光荣的事情，但是最终一位远道而来的雕塑家获得了市政府以及所有专家的认可。

在开幕式上，这位雕塑家对大家说："我现在最想将这座雕塑献给我的母亲，因为在我读书的时候没有取得任何的成功，我的失败让她非常伤心。现在我想给她说的是，在学校中可能没有我的位置，但是在生活中有我的位置，而是能够成功的位置。我想对我的母亲说：希望今天的我已经不会再让她对我失望。"

这个人就是詹姆斯，他的母亲此时也在人群中，他的母亲喜极而泣，她此时才明白自己的儿子并不是笨蛋，只不过当年他在一个不适合自己的位置上而已。

　　像詹姆斯一样的人其实有很多，世界上很多做出贡献的人，都是从小被老师认为不聪明的人，就比如爱因斯坦小时候就经常被老师讥笑，但是最终他却成为了世界上著名的物理学家。

　　在我们的现实生活中，很多父母都有望子成龙、望女成凤的思想，他们不管孩子的兴趣，总是会违背孩子的意愿去对他们进行培养，他们按照自己的喜好去安排孩子的未来，他们根本没有想明白，他们的这种做法会压抑孩子的兴趣发展，最终会让孩子失去实现理想的渴望，甚至很有可能埋没了一个天才级的人物。

　　我们需要给自己一个合适的定位，我们需要根据自己的兴趣和爱好来为自己制定未来，无论是过高的定位或者过低的定位都会影响到自己能力的发挥。我们不能给自己定一个不切合实际的位置，而当自己处于低谷的地位时，更应该有一种攀登的勇气。

　　火柴就是为了点燃东西的，轮胎就是为了奔跑的，音箱就是为了发出声音的……每一样东西都有自己特定的特点和使命，我们只有找准了自己的位置，才能离成功更近一些。很多伟人的成功都是因为他们给了自己一个很好的定位，他们在现实生活中找到了最佳的位置，并且非常好地去塑造了自己。

　　一个人如果想要放弃平庸的生活，就需要给自己找好定位。

很多时候我们产生自卑感并不是我们不如别人，而是因为我们没有给自己一个准确的位置。我们放弃那些过高或者过低的位置，为的就是更好地找到自己，给自己定位。在适当的位置上才能够更好地发挥自己的特长和品质。如果自己给自己定的位置太低，那么很容易实现，从而就没有了继续努力的动力；如果给自己的定位太高，那么就会多次受挫，自然就没有努力下去的动力了。

人们都知道，想要看清别人不是一件难事，但是要想有自知之明就很困难了。我们虽然不应该自大，但是我们也不应该自卑，找到合适自己的定位，然后努力去迎接未来，这样我们就能够取得成功。

过去，放下之后憧憬未来

　　"时光的背影如此悠悠，往日的岁月又上心头"。很多时候时间的流逝不仅只是流过了很多的人和事情，还会给我们带来一定的思念和感伤。我们回首曾经走过的路，虽然有很多的遗憾，但是我们只要能做到不去计较得失，将过去放下，那么我们就能够为自己憧憬一条未来发展之路。

　　人生就如同戏一样，在这场戏中我们有着不同的轨迹和故事，但是人们之间也有着共同的地方。我们只有走出过去、把握现在，同时大胆憧憬未来，那么就可以开始一段全新的生活。让我们走出过去，并不是让我们放弃过去，而只是希望我们能够从过去的阴影中走出来，并且积极总结经验，成为现在和未来的借鉴。一个人如果总是生活在过去的悲伤或者过去的辉煌中，那么他将永远无法达到下一个高峰。

一个能够放得下过去的人才是性情上豁达的人，而一个人如果能够放得下过去，那么他才可能面对更大的幸福。活在过去的人，他们无法迎来全新的奋斗生活，他们不知道自己的明天在哪里，而这样的人终究有一天会被历史的浪潮所淹没。

我们在生活和工作中没有必要去刻意回避什么，只是有些事情我们身不由己，甚至有的时候我们都是在刻意在意一些东西，而最终我们却无法拥有这些。就比如我们有的时候一直很坚信那种亘古不变的友情或者爱情，但是在不知不觉间这种"亘古不变"就会变化。我们身边的人，旧的走了，新的来了，他们都在匆匆忙忙地奔走。

过去是根本无法避免的事情，所以我们需要抬起头勇敢地去面对。要知道在前面还有很多路要我们去面对和开拓，前面还有着无数个美好的明天在等待着我们。

很多时候我们认为自己的路走得不好，认为自己的路太过于狭窄，其实这都是我们的眼光太过于狭窄，我们只是看到了已经经过的辉煌，但是却看不到前面更大的天地，所以最后我们的路被自己所堵死。

英国前首相劳合·乔治有一个随手关门的好习惯。有一天，劳合·乔治和朋友们在自己的院子里散步，他们每走过一扇门，劳合·乔治总是会随手关上。朋友们对此很纳闷，于是对他说："你有必要这么做吗？"

劳合·乔治则微笑着说："我就是有这样的习惯，这是我必须去做的一件事情。而且，当我在关上门之后，也代表着我已经将过去留在了身后，不管过去是美好的成就还是失误，我都会忘记，然后重新开始。"

劳合·乔治的这个习惯是多么经典的一个行为。他能够从昨天的风雨中走过来，而在身上一点灰尘都不沾染，哪怕是心中一点悔恨和辛酸都不会留下。我们需要对昨天的失误进行总结，但是我们却不能总是对过去耿耿于怀，不管是悔恨还是伤感，都无法改变已经发生了的过去，过去的事情不能够重新来过。如果我们每天总是背着一个沉重的包袱，总是因为过去的事情而伤感不已，那只能是浪费掉了大好的时光，同时也等于是放弃了自己的未来和过去。总是追悔过去就只能让自己失去今天和未来。就好比我们错过这一趟的火车，而因为这件事情而一直追悔，那么很有可能连下一趟的火车都会错过。

我们如果想要获得成功，就需要随手关上身后的那扇门。要学会将过去的错误和失误全部忘记，我们不要沉湎于对过去的懊恼中，要懂得往前看。时光一去不复返，我们每天都有很多事情要去做，明天将会是全新的一天。我们要懂得重新开始，不要因为过去的错误而耽误今天的进程，其实我们的幸福就在眼前，关键是我们该如何去把握和努力。一旦将过去放下了，那么就能够拥有美好的明天了。如果我们有怀念过去的力量，那为什么不去憧憬未来的幸福呢？我们只要拥有对未来的信心，那么我们就会勇往直前。

我们要做一个喜欢憧憬未来的年轻人，我们要做一个有活力、有朝气的人。我们要活在现在，不断憧憬美好的未来。将过去的不痛快或者辉煌全部都抛到脑后。过去已经是历史，而今天才是全新的一天。我们没有必要承担过去的重担，而应该积极面对新的一天。

智慧，有勇有谋非常重要

　　喜欢下围棋的人都知道，在围棋中，"斗力"属于比较低等的第七品，而"用智"则是在中间的第五品。其实能够巧妙通过智慧来达到自己的目的，远远要比蛮力重要很多。如果只是依靠蛮力来完成自己的目的，那么是无法取得彻底的成功的。

　　自然，围棋不是一种需要争强好胜的竞技，明朝人许谷在《石室仙机》中讲道：五品用智，属于一种中等的水平，是"受饶三子，未能通幽，战则用智，以到其功"；而七品斗力，属于一种下等的水平，是"受饶五子，动则必战，与敌相抗，不用其智而专斗力"，这算下等水平。因此可见智慧要比蛮力重要的原因了。

明朝人刘基曾经举过这样一个生动的例子，老虎的力量肯定是超过了人很多倍，而且老虎还有尖锐的爪子，如此一来，老虎能够吃人就不是什么奇怪的事情了。虽然很多人都是谈虎色变，但是老虎吃人的事情并不是很多，倒是老虎会经常成为人们的猎物，被人类制作成各种各样的物品。那么为什么会这样呢？刘基解释说，老虎用的是力量，而人依靠的是智慧；老虎借助的是自己的爪子，而人借助的是物品。所以力量最终战胜不了智慧，虽然老虎非常勇猛，但是在人面前它们还是无法取得上风。

智慧就像是勇气的翅膀，如果只有勇气而没有智慧，那么就是匹夫之勇，不能够成就大事。只有将智慧和勇气合起来，那么才能够笑傲群雄。所以我们在做事情的时候更应该仰仗智慧，而不是力量。

很多人都知道"斗智不斗力"的道理，这句话中包含着太多的经验和哲理，其中也展示了人们对智慧的推崇程度。历史上有很多的谋士，他们都认为在政治和军事的角逐中要更多地依靠智慧，而不是单纯依靠力量，我们可以看一看历史上刘邦和项羽的故事。

据《史记》记载，有一次，刘邦要去咸阳，此时正好遇到秦始皇在出游。当时仪仗队伍非常浩大，秦始皇坐在銮舆中显得威风八面，臣民们伫立在道旁，个个毕恭毕敬。而刘邦此时不禁在心中感叹道："嗟呼，大丈夫当如此也！"通过这句话可以看到刘邦的领袖气质，以及他的雄心壮志。项羽也曾经同样看到过这个场景，但是他却说："彼可取而代之。"虽然在这句话中也看到了项羽的勇气和雄心壮志，但是毕竟显得有点鲁莽。

司马迁将项羽写成了一个失败的英雄，就算是四面楚歌的时候也同样保持着英雄本色。在楚汉战争的末年，项羽的军队被刘邦追到了乌江（在今安徽和县东北）岸边。此时正好遇到乌江的亭长驾着小船前来，他劝项羽能够跟他一起渡江，他说："江东虽然是一个小地方，但起码也有一千多里土地，有几十万的人口，我们过了江之后，在那边还可以称王，还可以重头再来。"项羽则苦笑着说："我当时在会稽郡起兵，带领着八千江东的子弟兵，现在我一个人回去，没有带回一个人，就算是江东的父老同情我，仍旧立我为王，但我还有什么脸面去见他们呢？"于是他将自己的乌骓马送给了亭长，命令自己的士兵都下马，然后拿着短刀，和追上来的汉军展开了肉搏战。他们在杀死了几百名汉兵之后，纷纷倒下了，而项羽本人也身受重伤。此时在汉军中有一个他之前的部下，于是项羽对他说："吾闻汉购我头千金，邑万户，吾为若德。"说完之后就拿着刀自刎了。在这个过程中项羽的确体现了英雄本色，但是当时的时代比较复杂，其实他完全可以用更好的方法去处理这些事情。

而在此之前，楚汉争斗得很厉害，在鸿沟广武战场上，楚汉形成了僵局，于是项羽派人对汉王说："天下匈匈数岁者，徒以吾两人耳，愿与汉王挑战决雌雄，毋徒苦天下之民父子为也。"汉王则是笑笑说："吾宁斗智，不能力斗。"

而当时项羽披甲执戟来挑战的时候，刘邦则是当众宣读了项羽的十条罪状。项羽非常生气，于是命令手下对着刘邦开弓，其中一箭正好射到了刘邦的胸口上。刘邦差点从马上摔下来，但是刘邦是个非常懂得用智的人，他不去摸自己的胸口，反而是捂着脚趾，然后对项羽说："你射术不精，只是射中了我的脚趾。"回到营地之后，他还从马车上下来，巡视了一番营地。他的这个行为让汉军人心安定，而且他们都在骂项羽是个小人。

如果比起武功和力量，刘邦根本不是项羽的对手，但是刘邦善于用智慧，所以项羽虽然是一个英雄，但却是一个悲剧性的英雄。

虽然历史上对刘邦个人的评价不是很高，无论是品性方面还是个人能力方面，甚至有人认为他还带着几分无赖的气息，但是他毕竟是一个成功的政治家，他特别懂得去用智慧。比如，在出师上，他为义帝发丧，所以掌握了一定的主动权；在军事上，他在彭城战败之后，能够汲取经验教训，及时调整战略和方针，而事实证明他的调整非常有效果。而项羽无论是从政治上还是从军事上都和他相反，没有懂得用智慧的重要性，最终也只能是自刎乌江了。

自信，相信自己成就梦想

　　自信是取得成功的一个秘诀。自信心能够将我们的能力发挥到极致。一个人即便是有各种优势和能力，但是他自己却不自信，那么就无法取得成功。在做事情上信心显得非常重要，没有人天生就是天之骄子，但是往往能够成功的人，都是因为比别人更为自信的人，他们可以借助自己的信心一直鼓励自己，最终取得成功。

　　莎士比亚说，自信是走向成功的第一步，缺乏自信就是其失败的原因。一个人如果拥有了自信，那么他的起点就不是零了，而是 1；相反，如果一个人没有自信，那么他的起点就是 -1 了。后者即便是能够成功，那他付出的要比别人多很多，而且要比别人晚成功很多年。

一个人表现出自信，并不是全部给自己看，而更多的是展示给别人，让别人对自己有一定的依赖心。人只有有了自信心，才能够在面对挫折的时候更加拥有勇气，能够拥有良好的心态去面对，这样的人自然更容易获得成功。

以前有一个小女孩，她的家庭非常贫困，而她的父亲又患上了白血病，因为没有及时救助而离开了人世。在她的父亲去世之后，只剩下了她和母亲相依为命，十年时间里她都是依靠为别人洗碗和做临时工为生。十年时间过去了，她已经从一个懵懂的女孩开始转变为美丽的少女了。

当她18岁生日的那天早上，她的母亲给了她20美元，让她拿着这些钱去打扮自己。当时是圣诞节的前夕，天空中飘着大雪，因为她只有20美元，所以她买不起很好的衣服和鞋子，于是她一个人低着头走在马路上，自然也没有人能够注意到这样一个普通的小姑娘。此时她在一家商店的橱窗中看到了一个漂亮的发卡，于是她就买下了这个发卡。

当女孩戴上这个发卡之后，她就变得非常漂亮了，她也自信了起来。虽然在她出门的时候，发卡从头上掉了下来，但是她丝毫都没有察觉到。其实女孩本来很漂亮，只不过是缺少自信而已，此时她充满了自信，而此刻她非常喜欢的一个小伙子居然主动来邀请她跳舞。女孩感觉非常开心，于是她想再次给自己买一些装饰物，但是她却发现头上的发卡早已经找不到了。

　　这个女孩是因为没有漂亮的衣服和鞋子而感觉到自卑，而她的美丽也被自己的自卑所遮盖了。后来她戴上发卡之后感觉漂亮多了，其实发卡根本就不在她的头上，她之所以漂亮是因为她的自信。那个发卡只不过是一个心理上的暗示。其实一个人只要拥有自信，那么什么装饰物都不重要，它们只是作为人的陪衬而已，我们需要用自信来展示自己的美丽。

　　如果一个人能够自信，那么连老天都会帮助他的。一个拥有自信的人是任何事情都不会惧怕的，他们反而能够在逆境中更有勇气去挑战，能够不断激发出自己的潜力，所以就会感觉此时连上天都在帮助着自己。一个自信的人能够拥有化腐朽为神奇的能力，而这种能力是无法被复制的。

　　所以，我们需要扬帆起航，然后寻找到自己的信心。很多人都很自卑，很大程度上是因为受到了他所处环境的影响。其实我们可以抛弃掉周围的环境，而是多给自己一些鼓励，在心底里给自己一个暗示，告诉自己，任何事情我们都能够做到。一旦这样想了，那么就能够积极克服自己的自卑，从而为自己树立信心，最终就能够完成任务，取得成功了。

　　拥有了自信，那么就没有什么事情是完不成的。自信就是一个人成功的前提，如果一个人对自己有了十足的自信，那么就已经成功了一大半了。试想，如果连我们自己都无法相信自己，那么又怎么可能让别人相信你呢？

自信能够帮助我们开启成功的大门，如果我们连这扇门都无法打开的话，那么之后的生活就无从获得了。所以我们需要坚定自己的自信，人虽然不是万能的，但是只要有自信，愿意付出努力，那么就会取得成功。不要怀疑自己的能力，要时刻充满着自信。如果找不到自己的"美丽"，那么不要着急，摒弃掉自己的自卑，寻找到自信，那么自己就可以获得光芒。

放弃，鱼和熊掌怎可兼得

天底下没有完美的事情，鱼与熊掌是不能两者兼备的。如果选择了这个，就需要放弃另一样；如果想要两手都要抓，那么就会给自己带来一个不好的下场。所以在处理事情的时候，需要懂得放弃，也要敢于放弃，放弃之后反而能够更好地拥有。

有时候我们选择了放弃，那么就不要计较自己的选择是对还是错，毕竟每个人都有自己的考虑，都是自己处理事情的方式，所以做出不同的选择是很正常的事情。然而，在做放弃这种选择的时候，舍不得某项事物是一种常见的苦恼。所以我们在选择放弃的时候就不要顾及正确与否了。

　　曾经有一头驴子肚子很饿，现在在它的面前不同的方向分别有两堆大小相同的草料，而且都非常新鲜。驴子此时有点犯愁了，因为它不知道该选择哪一堆，它也不知道选择哪一堆可以省一点力气。于是它就一直在做挣扎，最后就在自己的挣扎中死去了。

　　驴子的眼前有大堆的草料，但它还是饿死了，它的死是一种非常悲剧的死。其实有的时候不懂得选择或许不会让我们失去生命，但是也对我们有很大的影响。如果有两个相似的东西出现在我们的面前，我们毫不犹豫地选择一个去做就是了，不要计较两个之间的差别，要不然最后只能让自己受到更大的损失。

　　上面驴子的例子其实就是著名的"布里丹效应"。古人讲："用兵之害，犹豫最大；三军之灾，生于狐疑。"由此可见此为做事情、做决策的大忌。

　　到底是执着地选择，还是明智地放弃？生活中我们也经常会面对这种情况，很多年轻人都需要做一个爱情的选择，到底是来一场轰轰烈烈、死去活来的爱情，还是选择一个平淡无奇的幸福？其实只要坚持做出选择就是了，不要顾及太多，这两种爱情其实都有可能给自己带来快乐，同时也都有可能给自己带来痛苦，但是如果处在两难之中不知道该如何选择，那么肯定就只有痛苦了。

其实有的时候，我们不得不做出放弃的选择，但是真正能够做到这一点的人却不多。更多的人都是在不断犹豫中错失太多的机会。

人的一生中需要放弃的东西太多了，所以我们需要勇敢地去放弃。人的一生中有几十年，会经历太多的风风雨雨，自然有得到的时候，也有失去的时候，如果我们不懂得坦然面对，那么就会让自己陷入到痛苦之中。

比如，很多大学生在即将要毕业的时候，会和同窗好多年的同学舍不得分开，在互道珍重的时候，甚至会泪流满面……虽然放弃了在一起的生活非常痛苦，但是每个人毕竟都有属于自己的前途，如果一直在一起，又怎样各自去寻找未来的前途呢？如果只是固守着现在，那么很容易因为自己的原因而放弃了太多的美好前程。如果不懂得现在的同学情，那么怎么可能面对未来的广阔天空呢？

一个会选择的人就是懂得放弃的人。选择的过程中就会失去，这是一个很正常的现象。我们需要正确看待放弃，面对需要放弃的东西就要果断放弃，要不然这些都会成为我们前进的障碍，成为我们生命中的累赘。

有很多人成名之后我们才会发现，原来他当年就是经历了放弃，最终才得以成名。比如，著名的篮球明星飞人乔丹本来想打算去做棒球运动员，但是后来发现他应该放弃棒球，结果最后在篮球中取得了一定的成功。

伽利略本来也是学医的，但是他在学习解剖学和生理学的时候，他一点兴趣都没有，于是他偷偷学习复杂的数学。也正是因为他的这种选择和放弃，最终促使他在比萨教堂的钟摆上发现了著名的钟摆原理。

我们再来看一下莎士比亚的成才之路。通过这个小故事我们更有理由相信选择和放弃是对人生非常重要的一件事情。

斯特拉福德镇附近有一座贵族宅邸，其主人就是托马斯·路希爵士。有一天，当时只有20岁的莎士比亚和几个年轻人扛着枪居然进入了爵士的花园，他们在花园中打死了一头鹿。后来管家来了，其他人都跑掉了，而莎士比亚被抓住了，他被囚禁在管家的房间里一个晚上。在这个晚上莎士比亚受尽了屈辱，在他被释放之后他就写了一首非常尖酸的讽刺诗，然后贴在了花园的大门口。他的这个举动一下子惹恼了爵士，爵士想要通过法律来处治莎士比亚。于是，此时莎士比亚无法在家乡待下去了，他只能逃往伦敦。就像著名作家华盛顿·欧文说的一样："从此之后，斯特拉福德镇失去了一个手艺一般的梳羊毛人，而全世界获得了一个伟大的诗人。"

由此可见，只有放弃了一些才能够获得更多。曾经有一个总是喜欢跳槽的博士生感叹道："如果我能够用一种耐心的心态去对待工作，那么我现在的事业就不是这个样子了。"的确，这个世界上没有全才，所以我们无法在所有地方都获得成功，所以我们需要集中起所有的力量，然后朝着自己选择的方向去努力，对于放弃的就让它失去吧。

辑五 >>>

与华丽的自己相遇

——高歌或跌倒，都要华丽丽地向前

很多人跌倒了就站不起来了，他会坐在地上，看着膝盖上的伤口，然后暗自流泪。其实生命中有很多次的成功，自然就会有数以万计次的跌倒。跌倒了然后爬起来了，那么就可以华丽丽地开始全新的一切；如果站不起来了，那么你只不过是一个跌倒了的天使。华丽丽地站起来，然后向前走，前方就是你的目的地。

时机，懂得珍惜才能向前

　　上天是公平的，同时也是慷慨的，其会给一个人赐予多次机会，但是其也不会给一个人赐予太多的机会。所以这就需要我们认真对待每一次机会，即便第一次没有把握好，那么第二次机会来临的时候，一定要把握住。的确，机会不会一直停留在那里等待着我们，所以我们要懂得珍惜。

　　我们来看一个真实的故事。

　　曾经有一个普通的伐木工人叫巴尼·罗勃格，他每天都要去一个人迹罕至的森林里去伐木，他走进森林之后就会开始自己全新的一天。

　　有一天，巴尼·罗勃格和往常一样走进森林开始砍伐。他的电锯将一棵粗大的松树锯倒了，但是树干却朝着他的方向倒过来，他的右腿被重重地压在了树干下面，他疼得晕了过去。不知道过了多久，他才醒过来，他此时知道现在没有人能够救自己，他需要保持清醒，要知道这里是一个人迹罕至的森林。

巴尼·罗勃格想要将自己的腿从树干下面抽出来，但是树干实在是太重了，他根本无法做到这一点。于是，他抡起斧头想要将树砍断，但是砍了几下之后，斧头的柄居然折断了。于是他又拿起电锯想要锯断树木，但是倒下来的松树是呈45度的，巨大的压力很有可能将电锯条卡住。如果电锯再出现了问题，那么等待他的恐怕就只有死亡了。

现在，巴尼·罗勃格唯一能够依靠的就是电锯了，这可是他逃生的唯一一次机会。他看了看自己的腿，想想现在唯一能做的就是截肢了，于是他狠下心来，拿起电锯朝着自己的右腿开始锯了起来。

巴尼·罗勃格锯完腿之后，忍着巨大的疼痛给自己做了一个简单的包扎，然后决定爬回去。要知道这是多么艰辛的一段路，他在这个过程中一遍遍地昏倒，同时又一次次苏醒过来。终于，他遇到了另外一个在其他森林里面伐木的同伴，当看到同伴的那一刻他就晕过去了。同伴赶紧将他送到了医院里。

如果在这个人迹罕至的森林中等待，那么等于是将自己送给了死神。巴尼·罗勃格并没有这样做，他积极把握机会，终于使自己拯救了自己。

在这个世界上，不仅生命只有一次，有的时候机会也很难得，如果不认真把握，那么等于是我们自己放弃了主动权。而且我们很多时候并不像巴尼·罗勃格一样处于生命危险之中，因为这种原因，所以很多人就会松懈下来，他们会认为错过了这一次机会没有任何关系，但是他们已经忽视了他们是第几次有这种想法了。

如果今天的作业没有完成，那还有明天；如果这一次比赛没有取得好成绩，那么还有下一次……我们总是给自己找着借口，总是认为还有"下一次"，正是因为有了这样的借口，所以我们就会堂而皇之地不珍惜机会。可是，即便是真的有下一次机会，那么我们是不是也不会重视和把握呢？

像"下一次"这样的词语总是会出现在我们的工作和生活中，很多下属会向自己的上司信誓旦旦地说："这次的工作没有做好，等到下一次我会更加努力的。"而且一旦下一次没有取得好成绩，就又会说："再给我一次机会，等到下一次……"

很多人当前的事情没有做好，总是将所有的希望都寄予下一次上，而下一次又不知道珍惜。在我们的生活中这样的人不在少数，有多少人能够躲开"下一次"这个问题呢？

机会不会一直等着我们，上天也不会只去眷顾某一个人，如果失去了一次机会，那么很有可能失去下一次机会。而机会总是稍纵即逝的，一旦失去就不会再重新来过。

曾经有一位著名的演员酒后驾车，结果发生了意外，最终离开了人世。家中人在公开信中写道："他错了，他一生做事都很谨慎，但是这一次的确是错了，而他犯下的唯一的错误，就给他带来了终生遗憾，也给家人和喜欢他的影迷带来了悲伤。我们现在代表他为大家道歉，为他不负责任的行为向大家道歉，并且希望所有的司机朋友都能够以此为戒。"

在上面的这段话中，我们可以看到这个演员没有下一次的机会了，他这一次没有做好，那么就不会有下一次，这个时候祈求任何人都没有用。我们的生活中虽然不是所有情况都可以夺去生命，但毕竟机会一旦溜走就会给自己带来损失。

懂得珍惜机会对所有的人都很重要，就算是一个优秀的人才同样需要把握机会、重视机会，如果无法做到这些，他的才能就找不到发展的地方，自然就无法成功了。

这个世界非常复杂，社会中充斥着很多机会，所以我们唯一要做的就是要懂得珍惜。珍惜了机会才能够把握机会，这是一个简单的道理。如果我们总是将希望寄托于下一次上，那么就表明我们是一个自欺欺人的人。

不管是生活还是工作，虽然我们很有可能有下一次的机会，但是如果不重视这一次，很有可能下一次机会来临的时候你也不懂得去把握，更何况下一次的机会什么时候来谁也不知道。所以我们首先要做的就是重视眼前的机会。

友情，是不可或缺的财富

　　朋友是一生中的财富，朋友是一生中最重要的人之一。友情被很多人看成是最为重要的一种感情，也是人生旅途中最让人奋发的伴侣。友情中包含着信任、理解以及无私奉献。一个人的一生离不开朋友，正所谓"一个篱笆三个桩，一个好汉三个帮"。友情是一种珍贵的感情，这种感情无须用华丽的词语来修饰，更不需要虚伪的信誓旦旦，它需要的是用真挚的感情来浇灌。

　　很多人都知道，虽然朋友很容易交到，但是想要维持一种良好的友谊却非常困难，很多时候人们有很多的朋友，但是真心朋友却不多。马克思曾经也说过："友谊需要用忠诚来播种，然后用热情去灌溉，用原则去培养，用谅解去护理。"

我们需要用自己的实际行动来证明自己对待友情的真心，另外我们在对待朋友上还需要一种豁达的态度。

　　春秋时期齐国的管仲是一个相貌堂堂的人，他知识非常渊博，是一个经邦济世的人才。管仲在年轻的时候和鲍叔牙一起做生意，每一次赚到钱分成的时候，管仲都会多拿一些。鲍叔牙倒是无所谓，但是一些朋友对此非常生气。有一次鲍叔牙对他们说："管仲并不是一个贪图小便宜的人，他现在多拿一些只不过是因为家里穷，而我也是心甘情愿让他拿的。"之后，管仲参军，每一次打仗的时候他都会缩在后面，很多人都认为他是一个胆小鬼，只有鲍叔牙很理解他，对别人说："管仲的母亲还需要人来赡养，所以他不是一个胆小鬼，只不过是因为老母的缘故而不敢去拼命。你们看着吧，他会找到一次机会成就大事业的。"管仲听到这些话之后非常感动，于是对别人说："生我养我的是我的父母，而了解我的却是鲍叔牙啊。"从此之后两个人也成为了非常好的朋友。

　　当时齐襄公有两个儿子，大儿子叫纠，他的母亲是鲁国人；小儿子叫小白，他的母亲是莒国人。管仲对鲍叔牙说："等到齐襄公死之后，不是纠就是小白即位，我们两个人现在分别去做纠和小白的老师，到时候不管他们谁继承了王位，我们都可以相互推荐。"鲍叔牙非常认可管仲的想法，于是管仲成为了公子纠的老师，而鲍叔牙成为了公子小白的老师。齐襄公本就是一个昏庸的人，不久之后就被自己的大臣杀死了。当时公子纠在鲁国，而公子小白在莒国，于是很多大臣都想要迎回在鲁国的大公子继承王位。而鲁国也赶紧护送公子纠回国，莒国也不甘示弱，护送公子小白回国。管仲担心小白会先回国，于是就追上小白，然后射了他一箭。公子小白假装中箭骗过了管仲，然后和鲍叔牙快马加鞭赶紧赶回国内做了齐国国君。鲁庄公听说最终是小白做了国君非常生气，于是派出军队攻打齐国，结果大败而归，在齐国的压力之下，鲁国最终杀死了公子纠，然后将管仲送回了齐国。

继承王位的小白就是著名的齐桓公，他任命鲍叔牙为丞相，然后希望其能够推荐给他一些人才。鲍叔牙于是推荐管仲，说："管仲是一个有经天纬地才能的人，他的能力超过我十几倍，希望大王能够不计前嫌然后任用他。"齐桓公倒是不能理解了，但是鲍叔牙还是极力推荐，于是他答应给管仲一个官职，让他去处理国家内的一切大小事务，并且还尊敬地称之为"仲父"。

朋友最重要的就是交心，如果没有鲍叔牙的宽广胸怀，那么管仲就无法青史留名了；同样如果没有管仲的雄才大略，那么鲍叔牙或许就只是一个普通的商人。他们就是借助彼此之间的友情，才共同铸造了美好的未来。

友谊就好比是沙漠中的绿洲，其能够带我们走出困境，能够帮助我们重拾信心。友谊是一种高尚人格的体现，真正的友谊能够帮助拉近人们之间的关系，能够促成人们之间的相互合作。

公元前 4 世纪，小伙子皮斯阿司在意大利因为触犯了暴君狄奥尼索司，于是被判处了绞刑。皮斯阿司是一个孝子，他请求在最后的时刻能够和自己的父母告别，但是暴君还是没有答应他的要求。后来他的好朋友达蒙站出来帮助他，并且愿意自己代替皮斯阿司，并且对暴君说："如果皮斯阿司不能够按时赶回来的话，那么我就替他去受刑。"暴君听到这里才勉强答应了他们的要求。

眼看着行刑的时间就要到了，皮斯阿司还没有回来。很多人都在嘲笑达蒙，他们认为他是一个愚蠢的人，居然用自己的生命来做这样一个愚蠢的行为，人们都安静地等待着悲剧的发生。就在这个时候，在远方出现了皮斯阿司的身影，他一边飞奔一边大声呼喊："我回来了！"他跑向绞刑架，然后拥抱着达蒙，和他做最后的诀别。此时暴躁的国君也受到了感染，他居然赦免了皮斯阿司，并且对他们说："我愿意用我所有的东西来作为交换，以和你们两位成为朋友。"

朋友之间能够重情守义，或许就是值得我们珍惜的一个重要原因，而一份真挚的友谊需要我们用一生的时间去呵护。

友情是这个世界上非常美妙的一种感情。每个人都需要一些可以共患难、共担当的好朋友。一个人的力量在社会大舞台上实在是太薄弱了,所以就需要朋友之间的帮助,这样才能够产生强大的合力。我们每个人都是生活在集体中的人,所以我们需要和朋友们团结起来。

真诚地去呵护每一份友情,不要怠慢和疏远自己的好朋友,要懂得相互照顾和关爱。人们之间的友情有时候很坚固,有的时候却很脆弱,所以我们也要时刻去经营自己的友情,要懂得珍惜友情,这样我们的人生中才不会留下关于友情的遗憾。

每个人的一生都不是平坦的,所以我们需要友情,需要好朋友。如果我们有真诚的朋友,那么在充满荆棘的路上,我们会走得很顺畅,而同时我们也需要用我们的真诚去维护我们的朋友关系。

梦想，摆脱平庸的必经路

一个人如果想要摆脱自己的生存困境，那么就需要有远大的梦想。很多事情只有敢于去想，才能够做到；如果连想都不敢想，那么自然就无法做到了。

古时候的人们就有一个想法，希望人也能够像鸟儿一样在天空中飞翔，于是为了这个梦想，不知道有多少人为此而不懈地努力。在希腊神话中就有伊卡罗斯和戴达罗斯父子二人粘着羽毛飞天的故事，他们追求的就是能够插上翅膀飞上蓝天的梦想。而在追求这个梦想的过程中，很多人付出了巨大的牺牲，甚至有些人还付出了生命。而当时的科学技术也不够成熟，所以这个梦想一直以来都没有实现。但是，人们没有放弃追求这个梦想，他们坚持不懈，最终实现了这个梦想，人也飞上了蓝天。

在这些追求飞上蓝天梦想的人中，莱特兄弟就是非常突出的一对。他们在童年的时候就将邻居家的坏车改造成了能够使用的人力运货车，由此可见他们的动手能力。在 1894 年的时候，他们自己开了一家自行车店，主要经营以及修理和改装自行车。而就在这个时候传来了德国人奥托·里林达尔试飞滑翔机成功的消息，这个消息鼓舞着兄弟二人，他们坚信人能够飞上蓝天，并且愿意为此而努力。可是两年之后，又传来了里林达尔因驾驶滑翔机失事身亡的消息，虽然这个噩耗让两个人受到了打击，但是他们还是坚定了他们的梦想。他们看到了飞机平衡操作的问题，对此他们仔细研究了鸟儿的飞行，他们将老鹰在空中飞翔的姿势全部一张一张画下来，然后才开始着手制作滑翔机。并且他们还学习了很多航空理论方面的知识。而就在他们研究的这个阶段里，航空事业屡受打击：飞机技师皮尔机毁人亡、重机枪发明人马克沁试飞失败、航空学家兰利连机带人摔入水中等，但是这些都没有阻碍莱特兄弟前进的步伐。

1900 年 10 月，莱特兄弟终于成功制作了他们的第一架滑翔机，并且将其带到了离代顿很远的吉蒂霍克海边。这是个安静的地方，周围没有树木也没有居民，而且这里的风非常大，所以比较适合滑翔机起飞，他们准备在这里进行滑翔飞行的试验。

1900 年至 1902 年整整两年时间里，莱特兄弟进行了将近 1000 次的滑翔机飞行试验，并且还自制了 200 多个不同的机翼，以此进行上升次风洞实验。他们还对里林达尔的一些错误数据进行了修改，从而设计出了较大升力的机翼截面形状。

1903 年，莱特兄弟制造出了第一架能够依靠自身动力进行载人分型的"飞行者 1 号"，而在 12 月 14 日至 17 日的三天时间里，"飞行者 1 号"进行了四次试飞，其都是在美国北卡罗来纳州吉蒂霍克的一片沙丘上进行试验。第一次，由奥维尔·莱特驾驶总共飞行了 36 米，在空中停留了 12 秒；而到了第四次由韦伯·莱特驾驶的时候就飞行了 260 米，在空中停留了将近一分钟，长达 59 秒。

莱特兄弟成功了，人可以在蓝天上飞行了。现在人要在蓝天中飞行已经是一件非常普遍的事情了，但是当年那些为此而付出努力的人值得我们所有人尊敬，他们就是坚定了自己的理想，从而实现了理想。现在，这架具有特殊意义的"飞行者 1 号"陈列在美国华盛顿航空航天博物馆内。而莱特兄弟这对具有传奇色彩的兄弟，从某种意义上也实现了人类飞翔的梦想，他们也被人们永久铭记。

莱特兄弟的成功一个很大的因素就是他们懂得坚持，如果当年他们没有坚持下去，或者被一次次的失败所吓倒，那么他们就不可能实现飞上蓝天的梦想了。如果轻易放弃梦想，那么梦想就真的只是一个"梦"了。我们只有坚持到底，这样才能够告别平庸，才能够实现自己的美梦。很多人之所以平庸一生，就是因为没有坚持自己的梦想，或者轻易放弃了自己的梦想。

一位哲人说："你的梦想就是你的主人。"梦想其实就是人们内心深处的一种渴望，是能够取得成功的原动力，梦想能够激发一个人所有的潜能。梦想也不是一种理性的计算，其是一种情绪状态，这种情绪状态需要我们的热情，而这种热情能够为我们创造出无限的奇迹。

一个人不能没有梦想，如果一件事情我们想都不敢想，那么我们怎么可能敢于去做呢？而不会做自然就没有了成就。所以梦想对于一个人来说非常重要，而有了梦想，坚持下去的动力也是非常重要的。

人和人之间的差别并不是很大，但是这些细小的差别最终却造成了截然不同的结果。其实那些最终失败的人都是自己放弃了成功的希望，他们并不是被别人打败的。他们总是活在过去的失败中，而看不到前面的理想，所以他们无法取得成功。

美国著名发明家爱迪生是一个发明狂人，他始终坚持着自己的理想。他在20多岁的时候就开始研究电灯，在接下来的十多年时间里，他先后用竹棉、石墨、钽……上千种不同的物质作为灯丝，以此进行试验。而他在工作的时候经常是通宵达旦，最终功夫不负有心人，有一次他在用钨丝做灯丝的时候取得了成功。而他的这次成功对人类社会来说有着重要的意义，而爱迪生之所以能够成功和他的坚持梦想是分不开的。人们在坚持梦想的过程中，可能会摔倒很多次，但是只要能够有勇气站起来，那么就能够获得成功。

雨果说："没有比梦想更能实现未来的了，今天先有个骨架，明天便可以加上肉及血。"人就是因为有梦想而变得伟大，而同样因为没有梦想而变得渺小，这其实就是一个成功者和失败者最大的区别。如果我们要想取得成功，首先要有梦想，而且还要坚持下去。

一个人的梦想就是他成功的前提，所以我们要做一个有梦想的人，要坚持走下去。

恐惧，无非是一只纸老虎

　　很多人在做事情的时候会畏首畏尾，他们不敢去面对之后发生的事情，他们认为前面都是恐惧的事情，所以很多时候他们会选择放弃。其实恐惧只是一只纸老虎，我们看清了它的真实面貌，然后用强大的内心去战胜它。当我们经历了之后，此时再回过头看，你会发现自己当初的恐惧都有点可笑了。

　　很多人就是对未知的事情有恐惧的心理，而这种恐惧感既能够将人带进充满挑战的角斗场中，同时也会将人带入消极的深渊中。接纳恐惧感是可以的，但是我们不应该沉溺其中，我们应该努力去战胜恐惧感，从而超越自我，实现自我的价值。

而恐惧心理往往会让一个人失控。

很久以前，有四个年轻人一起离家出走，他们决定从此之后要浪迹天涯。他们在离开家不久之后，来到了一个地势险要的山崖边，山崖下是水流湍急的河流，而只有一座独木桥通到对面，这座独木桥也只能容纳一个人走过。此时四个人都犯难了，他们在原地站了好久之后，突然一个人站起身踏着独木桥走了过去，他用时都不到一分钟；紧接着第二个人受到了鼓舞，他也很轻松地走了过去，虽然他在走的过程中有点慢，但还是有惊无险地通过了；此时第三个人摇摇晃晃地上了独木桥，他一会儿看看前面的路，一会儿看看脚下的水流，结果失去了平衡，跌落山崖了；最后一个人被伙伴的死亡而吓呆了，然后他对对面的两个人说："我实在是不敢冒这么大的险，我决定在这里搭建一个小木屋，你们两个人继续走吧。"

其实在这个故事中，四个年轻人面临的是相同的境遇，那么为什么结果会截然相反呢？其实就是因为他们心中的恐惧感。

每个人的心中都有一个平衡系统，其能够将我们和现实协调平衡。虽然这种平衡系统是我们看不见的东西，但是其却有着重要的功能。拿上面的例子来说，我们到底是顺利通过独木桥、在原地安营扎寨还是跌落山崖一命呜呼，这些其实都取决于我们内心的这种平衡系统。而在这个平衡系统中最为重要的,就是我们对周围事情、环境的不确定性而产生的恐惧感。

前面的两个人能够顺利过独木桥,主要是因为他们认为现实的环境小于他们心中的恐惧,而最后一个年轻人不敢去过独木桥正好就和前两个人相反。而当我们心中的恐惧和现实环境不相上下的时候,那么我们就会摇摆,在这个过程中一旦内心的恐惧占据了主导地位,那么就很容易因为惊慌而跌落山崖。

内心平衡系统中恐惧起到了至关重要的作用,其决定了我们能不能勇敢而又顺利地通过人生道路上的每一个独木桥,同时也决定了我们之后的成功与否。我们需要用强大的意志力和驾驭能力去征服内心的恐惧,这样才能够有效地避免内心平衡系统的失衡。

其实心中的恐惧就好比是一只"纸老虎",只要我们认清了就能够很容易打倒它。

有一家公司因为经营不景气,于是准备裁掉一部分人,而这次裁员涉及的范围非常广,一时间公司里面很多人都在议论纷纷。很多人都很气愤,他们说:"我在这家公司工作了这么久,可以说是元老级的员工了,但是现在居然要炒我的鱿鱼,这简直太不人道了。如今工作不好找,我的房贷又要还,如果没有了这份工作,我恐怕真的就没有办法活下去了。"

而有的人也摇着头说："我在这家公司也已经工作很长时间了，一直想离开，但是找不到合适的机会去说，现在倒是一个不错的机会。至于我的房贷，我可以将房子租出去，然后找一个稍微小一点的地方再买一套。当然如果能够找到更好的工作，那简直就是重生了。"

面对着裁员和生活的压力，两位级别、机会相同的员工却拥有截然相反的态度。一种是已经习惯了现在稳定的工作，担心受到新的挑战，他们喜欢一切都能够自己掌握。这种人在遇到变故的时候就会变得不知所措，这种人很容易被自己恐惧的心理所打败，他很难面对无法掌控的事情发生。所以，他们在遇到事情的时候更喜欢逃避，都不愿意走出去看看大千世界。

但是另外一个人的态度则截然不同，他们不愿意去过舒适的、重复着的工作，他们喜欢新鲜的感觉。于是这一次的裁员对他来说反而是一个好机会，他们重新对生活有了好奇心。在他们的心中已经做好了迎接未来的准备。同时也鼓足了勇气去面对这一切，此时他们的内心中根本就没有恐惧心理。

美国第32任总统罗斯福曾经说过："我们需要畏惧的唯一的东西就是畏惧本身，其是一种无以名状、失去理智的恐惧，其能够麻痹人的意志。"恐惧会让人变得脆弱，甚至对未来不可预料的事情敬而远之，最终将自己关闭在一个封闭空间中。就比如人们都很害怕狼，但是又有几个人见识过狼呢？我们之所以害怕狼，就是因为我们害怕我们本身的一种恐惧感。

恐惧其实就是一只猫，但是我们很容易将其看作是一只老虎，我们一直认为其张着血盆大口。所以，我们需要尝试着鼓起勇气，然后战胜这种恐惧，你就会发现它只不过是一只纸老虎而已。

我们需要不断去接受挑战，然后超越自己。

美国南北战争结束之后，在军队中准备进行一次议员竞选。当时最有力的两位竞选人，一个是内战中的英雄陶克将军，还有一个是他的部下约翰·艾伦。在竞选的时候，首先发言的是陶克将军，他昂首挺胸地走到演讲台上，然后说："亲爱的同胞们，十七年前我带着军队和敌人浴血奋战，我们在山林中度过了一个夜晚。如果你们还能够记得那次战斗，那么就在投票的时候想想那个屡立战功的人吧。"陶克将军演讲完之后，士兵约翰·艾伦步伐稳健地走到演讲台前，然后说："亲爱的同胞们，陶克将军是一位了不起的将军，他在很多次战斗中都立下了奇功，当时我还是他手下的一名士兵，我也曾经为他冲锋陷阵。而当他在山林中睡觉的时候，我正在手握着钢枪，在寒风刺骨的冬天守卫着他。"

竞选结束之后，很意外的是陶克将军落选了。记者问约翰·艾伦，在竞选之前他是一种什么心态，这位新上任的议员说：

"和自己的将军一起竞选，我其实很害怕，我也知道自己的胜算很小，但是我还是选择了坚持下来，然后给自己一个超越自己的机会。"

从表面上看，一个默默无闻的小兵和一个战功显赫的将军一起竞选，那么肯定输的是士兵，但是约翰·艾伦还是勇敢地接受了挑战，并且用自己的智慧和头脑赢得了这次竞选，同时也超越了自己。

我们每个人的心中都有恐惧，其主要是对不了解的人或者事物的恐惧。小的时候我们会害怕医生、害怕老师，等等；长大之后我们就会担心找不到工作、担心家庭不和，等等。我们所惧怕的内容一直随着我们的生活和经历发生着很大的变化，但是我们的内心一直有一种恐惧的心态。而恐惧越大，那么我们的勇气也就越小。如果能够反过来，等到勇气占据了主导地位，那么我们就能够积极面对挑战，最终实现自我超越。

"世上没有任何事能取代挑战，超越自我才能赢得一切！"这是麦当劳第二代掌门人雷·克雷克的座右铭。如果我们没有了勇气，那么我们就没有机遇；而没有了机遇，那么我们就无法接受挑战，自然就无法取得成功。我们需要合理控制我们内心的恐惧，然后用勇气去挑战，这样我们就能够做成很多事情，我们的人生也会朝着一个美好的方向前去。

小事，要懂得合理处置它

　　凡是做大事的人都不会去计较小事。如果能够将一些烦琐的小事全部都丢到脑后，那么之后就会有更广阔的空间让我们去发展。所以，我们要在人生路上对那些无关紧要的小事视而不见，从而将自己的心思全部放到该做的事情上去。也只有这样，我们才能够集中精力去做应该做的事情，最终告别平庸。

　　人生一世只有几十年的光阴，但是很多人都在小事情上浪费着自己的生命，因为一些小事情而耽搁时间，这其实是毫无意义的。狄士雷里说过："生命太短促了，不能再只顾小事。"尤其是那些没有任何意义的小事，不值得我们去劳心费神。所以我们为了能够快乐而有意义地度过我们的一生，就需要懂得放弃那些不快乐的小事情，放弃那些会让我们变得平庸的小事情。

我们需要做一个快乐而又聪明的人，我们要懂得享受我们的人生，不要因为一些小事而烦恼。尤其是在人际交往中，如果遇到一些鸡毛蒜皮的事情，假如没有什么实质性的错误的话，那么我们就可以做到视而不见和充耳不闻，我们没有必要去计较这些东西，更不应该为了它们而浪费我们的时间和精力。

很多人都会因为一些小事情而搞得垂头丧气。

比如，罗斯福夫人刚刚结婚的时候，每天都在担心着她的厨子做饭很难吃。而后来罗斯福夫人笑着说："如果这件事情发生在现在，那么我只是笑笑就让它过去了。"其实这才是最好的做法，凯瑟琳女皇的厨子将饭烧煳了的时候，她也只是付之一笑了事。

一个人一生的时间有限，如果过多地将精力放在了鸡毛蒜皮的小事情上，那么工作和学习的时间就少了很多。而这些小事又没有任何的意义，这些事情不仅会让我们的心情糟糕，而且只能让我们的生活越来越平庸。

歌德说："重要之事决不可受芝麻绿豆小事牵绊。"我们身边那些取得成功的人，他们不是说没有一些日常的小事，只是他们能够合理处理这些小事，而不是将大部分的精力都耗费在这些小事上。凡是成就大事业的人，基本都是"小事糊涂，大事认真"。而相反，那些总是计较于小事的人，总是在大事上很糊涂。

人的精力都是有限的，如果过多地在意于小事上，那么就很容易对大事的注意力和处理能力变得淡化，甚至都没有时间去顾及。

大多数时候，我们都应该设法将我们的注意力从那些琐碎的小事上转移开，努力让自己拥有一个全新的思考方法。我们来看一下著名作家荷马·克罗伊所列举的一些例子。

以前，荷马·克罗伊在写作的时候，总是会因为纽约公寓热水炉的响声吵得想发疯，他经常会因为这些声音而在自己的座位上气得乱叫。

荷马·克罗伊在之后有一次说："后来有一次我和几个朋友一起去露营，当我听到木柴被烧的声音时，我就想到，其实我可以试图喜欢这种声音的。于是回到家之后我就对自己说：'火堆里木头的爆裂声，是一种好听的音乐，与热水炉的声音也差不多，我不应该太在意这些声音，而是应该享受这种声音。'"而且他还表示："在刚开始的时候我还会注意到这个声音，但是时间久了我就忘记这个声音了，甚至感觉到这个声音本就不存在。"

我们的生活本就是由一些小事组成的，但是我们的生活中不仅仅只有小事情。如果我们过多拘泥于小事上，那么我们的人生根本就不会有什么大的发展，甚至我们的人生都不会快乐起来。

尤其是在一些公共场合很容易遇到不开心的事情，这些都不值得生气，因为素不相识的人冒犯我们是没有理由的，或许只不过是一场误会而已。我们应该以一种宽大的胸怀去面对这些事情。

而在家中更不能太在乎小事情。尤其是在处理家庭纠纷上，一定要秉着"大事化小、小事化了"的态度，这样我们的家庭才能够和睦，才能够快乐、幸福。

当然，想要做到不计较也不是一件容易的事情，要想不计较还需要我们本身良好的修养，需要我们能够做到善解人意，需要我们从多个角度去考虑问题，多一些体谅和理解，就能够多一些和谐。

而经常专注于小事很容易酿成大祸。芝加哥的约瑟夫·沙巴士法官曾经仲裁过多达四万多件的婚姻案件，他说道："很多不美满的婚姻生活都是因为平常的一些小事情。"而纽约的地方检察官法兰克·荷根也说道："我们这里的刑事案件里大多数都是因为一些日常小事。比如在酒吧中逞英雄、因为一些小事情争吵，等等。"这个社会中没有人是天生残忍的，而那些犯了错误的人，主要是因为一些小事情触及到了他们，而他们又不懂得放下这些小事情，最终导致了犯罪。

我们不要因为一点点的小事情还影响了我们追求理想的进程，适时地放下小事情，这样我们就能够过得更愉快，而且更有时间去做一些大事情。生命本来就很短暂，不要因为一些小事情而纠缠到我们，我们不要为这些小事情而发愁，我们应该懂得漠视它们。

成事，大智大勇兼而有之

　　想要合理处理事情就需要有勇有谋。而在此之中，智慧和勇气是相辅相成的，缺少任何一个人都显得很单薄。而在我们的生活中，那些智勇双全的人在做事情上总是能够占得先手，那些大智大勇的人往往能够摸透人心，同时也能够征服对手。

　　大智大勇并不是随便就能够拥有的。当面对危险的时候，很多人都会胆怯，也有一些人会选择逃跑，但是大智大勇的人则能够用自己的非常手段而战胜这种危险。

　　秦朝末年，秦将领章邯在定陶大败楚军后，就有些自命不凡，于是率领着军队去攻打赵国的巨鹿。此时楚怀王任命宋义担任上将军、项羽担任次将、范增为末将，率领着军队去攻打赵国。当时宋义忌惮章邯的名气，并不敢和他正面交锋，此时项羽给宋义提供了很多战斗的建议，但是宋义都没有采纳，反而借助自己的地位说项羽出言不逊。项羽非常生气，居然杀死了宋义，然后坐上了上将军的位置。项羽当上上将军之后，就召来了范增、刘邦等人一起商量击破秦军的问题，广泛征求大家的意见。

当时的楚国刚刚战败，他们的元气还没有恢复，所以他们希望借助这一次的战斗从而扭转局势。于是项羽派出刘邦、陈余率兵二万去解巨鹿之围。没有想到的是陈余从前线回来之后，就报告说："前方战事吃紧。敌强我弱。刘将军初战失败，让我突围回来，请将军速发救兵！"

此时，项羽也意识到了问题的严重性，于是他召来范增商量对策。经过一番仔细研究之后，项羽决定率领大军和章邯决一死战。

项羽率领着所有的将士，然后浩浩荡荡开赴赵国。他们在行军的过程中被一条大河挡住了前路，项羽看到此时天色已晚，考虑到战斗马上要打响了，所以想要让士兵们休养生息，于是只好在河边露营。

等到第二天，项羽看到战士们携带的帐篷和锅灶等都是累赘，为了能够激发士兵们的斗志，于是他下令将全部的帐篷、锅灶等都丢掉，并且还命令士兵们只能带三天的粮食，其余的全部都要丢掉。士兵们虽然不知道将军的意图，但还是按照他的说法去做了。

轻装上阵的楚军很快就渡过了大河。过河之后项羽又命令士兵们将船全部都沉到河底，此时将士们才明白过来，项羽这么做是为了决一死战，是一种有进无退的做法。

之后，在巨鹿城下，楚军和秦军展开了激烈的战斗。两军激战的时候，忽然有人发现粮仓着火了。章邯看到秦军仓库里一阵火焰，此时他大吃一惊，知道自己的老巢也被人袭击了。最后项羽打败了章邯。

在这个过程中，项羽既展示了一定的谋虑，同时又仰仗着"破釜沉舟"的勇气，最终战胜了比自己强大的敌人。他的这种孤注一掷的做法是一种有勇有谋的策略。

凡是能够做到大智大勇的人，都是能够克服小勇气的人。中国历史上有太多的大智大勇的人，他们都能够忍受一时的不利，因为他们知道凭借着自己的大智大勇能够最终战胜对手。而在此之中，西汉的李广就是一个非常典型的例子。

西汉初年，匈奴不断骚扰西汉，在抗击匈奴的战斗中，涌现出了一位著名的将领，那就是李广。李广的祖籍在陇西，他年轻的时候就善于骑射，而且喜欢练武。在一次次的抗击匈奴的战斗中，他展现出了自己的大智大勇，所以也得到了人们的尊敬，而匈奴一时间也不敢向李广的军队进攻。

后来，匈奴和西汉的关系越来越僵，当时匈奴单于集合了很多兵力，准备大肆进攻西汉。但是西汉有能征善战的李广把守边关，所以匈奴想要进攻，但是心存疑虑，所以一时间还不敢从正面交战。此时他们想要设法生擒李广。

在一次交战中，匈奴的军队假装失败，李广则率领着自己的军队紧追不舍，对此丝毫没有做任何防备。等到李广他们追了几十里的时候，他们发现前面的匈奴兵速度慢了下来，李广他们想要追上他们一举歼灭，突然李广连人带马陷入了匈奴设置好的陷阱中，被活捉了。对于李广匈奴人非常害怕，抓到之后立即将他困于网中，然后押往他们的大营。

此时被俘的李广装作一动不动，以此来麻痹敌人。等押解他的匈奴兵在休息的时候，李广趁别人不注意，从网子中跃起来，然后冲向离自己最近的匈奴骑兵，然后将他击落之后，抢了他的弓箭，快速逃跑了。其他的匈奴兵都被眼前的事情吓住了，等到他们回过神来之后赶紧追向李广，而李广箭法高超，他连连开弓，最终射死了几个匈奴兵之后逃掉了。

在这次逃跑的过程中，李广就展示了自己的大智大勇。他在被抓之后没有逞一时的匹夫之勇，而是等待着对方的松懈，一旦对方松懈下来，他就一举逃脱了。生活中总是有一些人认为自己很有勇气，但是最后却将事情办砸了，他们在遇到真正的危险的时候却变得束手无策，所以我们要懂得不滥施自己的小勇气，然后最终发挥出自己的大智大勇。

大智大勇就是告诉人们做事情的时候要将主动权掌握在自己的手中，然后正确认识形势，最终取得成功和胜利。

汉景帝即位之后，吴王刘濞勾结了六个诸侯王想要造反，他们率领着 20 万大军，然后一举攻向京城。此时汉景帝任命中尉周亚夫为前线统帅，然后让他去抵挡吴王刘濞。周亚夫知道这件事情的危机，于是带上自己的几位亲兵，然后驾着马车就赶往洛阳。等他们到灞上的时候，周亚夫得到密报，说刘濞收买了一些亡命之徒，在京城至洛阳的崤渑之间设下埋伏，是要以此来袭击朝廷的大军。于是周亚夫果断绕开了崤渑险地，绕道平安到达洛阳，进兵睢阳，占领了睢阳以北的昌邑城，深挖沟，高筑墙，断绝了刘濞北进的道路。之后他又攻占了淮泗口，断绝了刘濞的粮道。刘濞的军队在北进受阻之后，掉头倾全力攻打睢阳城，但睢阳城十分坚固，而且城内有足够的粮食和武器。而这里的守将刘武在得到周亚夫配合的情况下，和刘濞在睢阳城下展开了激烈的战斗。

当时，周亚夫为了消耗掉刘濞的锐气，于是坚持不出战，刘濞有点手足无措了。之后，刘濞的军队因为粮食不足而变得人心慌乱，于是他调集了一些精锐部队，然后向周亚夫发起了大规模的战斗，当时的战斗非常激烈。

刘濞也不是鲁莽之人，他在这种情况下也采取了一定的策略。他声东击西，表面上是想要以大批部队进攻汉军壁垒的东南角，但其实是将最精锐的部队留下来准备进攻壁垒的西北角。没有想到周亚夫更具有策略，他看透了刘濞的计谋，就在坚守东南角的汉军连连告急请派援兵时，周亚夫不但没有增援东南角，反而是将大部分的兵力投入到了西北角。果然不久刘濞大旗一挥开始向壁垒西北角发起猛攻，而且这一次的攻势非常猛烈。

这场战斗一直从白天打到了夜晚，刘濞的军队遭受到了巨大的打击，损失惨重。他们的勇气和信心也受到很大的影响，此时他们的粮食已经快要吃光了，所以他也只能下令撤退。周亚夫自然不肯放过这么好的机会，于是他率领着大部队开始全面进攻。刘濞看到大势已去，于是只能率领着自己的几个亲兵和自己的儿子逃往江南，不久之后他也被东越国王杀死。而之后周亚夫更是乘胜进兵，将其他的六国也打得一塌糊涂，而此时让其轰动一时的"七国之乱"平息了下来。

周亚夫就是凭借着自己的大智大勇力挽狂澜，也为西汉立下了汗马功劳。由此可见，大智大勇是多么重要，我们在处理任何问题上不仅要有胆识，而且还应该有智慧。

辑六　>>>

与柔软的自己相遇

——可曾有一纸的寂寞，写下你满篇的柔情

每个人的内心都有一个坚强的自己，也有一个柔软的自己。或许就是这种柔软让自己变得更为真实，也更容易让人理解。一个柔软的自己能够走出来，然后展现给大家看，这其实也是一种勇气。谁说你柔软，这只不过是另一种形式的坚强！

信任，能支持爱情走下去

　　夫妻之间最为重要的就是能够相互体谅和相互信任，哪怕是一丁点的不信任的语言都会带来很大的影响，所以我们要懂得珍惜我们的另一半。

　　张家鼎下班回家之后，发现客厅中的电脑没有关机，于是他准备关上电脑。可是当他将鼠标移动到电脑上的时候，看到了他的妻子和别的男子的一张合影，而且两个人显得非常亲密。

　　张家鼎看到之后非常生气，于是冲到厨房中和正在做饭的妻子争论了起来，他的妻子被问得不知就里。而张家鼎也根本没有心思和她解释，于是他喊着还要离婚，甚至还大打出手。张家鼎的行为已经影响到了邻居们，于是他们选择了报警。

　　于是民警前来劝解他们，并且开始询问他们到底发生了什么事情。张家鼎还是非常生气，此时他的女儿回来了，她看到这种阵势吓坏了，于是她也开始问到底发生了什么事情。原来，在放学的时候电脑老师留给了他们每个人一份作业，为了完成作业，她将妈妈和一位外国明星的照片合成了一张照片，于是才闹出了这么大的一个误会。

对此，妻子其实也不知道这件事情，张家鼎也感觉非常惭愧。

其实很多家庭的不美满、不幸福都是因为不信任所造成的，而在所有影响婚姻的因素中，猜疑是最大的敌人。

猜疑会让人们失去理智，会让人伤害他们原本最信任和最亲近的人。而等到他们幡然悔悟的时候，一切都已经晚了。

莎士比亚著名的悲剧《奥赛罗》中也讲述了一个悲惨的爱情故事。奥赛罗是在威尼斯军队中服役的黑人，他骁勇善战，而在一次和土耳其的战斗中他建立了很多战功，于是他也被提拔为将军。而奥赛罗的英勇获得了元老勃拉班修女儿苔丝德梦娜的爱意，但是奥赛罗的出身过于卑微，所以他们结合的可能性很小。美丽的苔丝德梦娜虽然是一个外表柔弱的女子，但是她的骨子里很有主张，她坚持顶住父亲和舆论的压力，决定和奥赛罗结婚。

结婚之后，两个人的小日子非常幸福，但是好景不长，当时奥赛罗的部下伊阿古非常阴险，他一心想要除掉奥赛罗。奥赛罗与苔丝德梦娜恋爱阶段，就是他向元老告的密，结果最后不但没有阻止两个人，反而促使了他们的婚姻。现在看到他们的幸福，于是他又想到了一个办法，他决定开始挑拨他们的感情。

当时，伊阿古伪造了一些假象，然后告诉奥赛罗，他的妻子苔丝德梦娜和另一位副将凯西奥有不正当的关系，并且还拿出了所谓的"定情信物"。奥赛罗刚开始对此也产生了猜疑，但是经过一段时间的观察之后，伊阿古还在不断地煽风点火，最后奥赛罗相信了，他认为是自己的妻子背叛了自己，于是他非常生气，愤怒的他决定要掐死自己的妻子。

但是不久之后奥赛罗后悔莫及了，他认为是他的不信任造成了这种悲剧。于是他拔剑自刎，也倒在了自己妻子苔丝德梦娜的身边。

猜疑就好比是风霜一样，会让我们爱情的花朵凋零。

所以，我们要记住一定要信任自己的爱人，我们要去记得爱人好的地方，而不是记住爱人不好的地方，这样我们的爱情才能够幸福，同时也能够长久。我们不要去相信外边的谣言，一定要将事情弄清楚了再做定夺。

我们再来看一对夫妻的故事。

当时他们经历了一段美妙的恋爱阶段，他们在一家工厂工作，每天都可以一起上下班，这些都让别人非常羡慕。

但是，有一天丈夫听别人说，他的上司喜欢上了他的妻子，他心中非常不开心。这个男人是一个心眼比较小的人，他心里面想：自己没有什么本事，现在家庭条件也不好，而自己的妻子，家庭出身又好，而且还有知识，当时喜欢她的人本来就很多。于是他就认为他的妻子肯定不会真心和自己过日子的，肯定会和其他的男性交往。

所以，在工厂里一旦看到自己的妻子和别的男性说话，回家之后他就大加责难。如果妻子的小组在外边聚会的话，他也要等着他们散会之后才回家。其实他对她是有爱意的，在生活上他对妻子是百依百顺，什么好吃的都留给她吃，什么重活都不让她干。但是一看到自己的妻子和其他男性讲话，他就会受不了，然后大喊大叫。

其实最关键的还是那位同事的话，那句话一直留在他的心里。有一天一个偶然的机会，他看到自己的妻子和那个上司正在大门口说话。等到了晚上，他坚决不让自己的妻子进门。妻子在寒风中苦苦哀求，但是他就是不让进，最后妻子只能回了娘家。

时间久了之后，很多人都知道他是一个醋坛子，也就没有人敢和他的妻子讲话了。而妻子遭受到了这些之后就变得更加封闭自己了，在长期的精神压力之下，她慢慢地有点自闭了，甚至最后患上了忧郁症。她的父亲听后非常生气，坚持让他们离婚。离婚之后的他变得非常失落，于是每天就只能借酒浇愁。后来一个偶然的机会，他才知道当年那个散布谣言的人现在正在追求自己的妻子。此时他才恍然大悟，原来一切都是被自己的不信任和猜疑毁掉的。

猜疑虽然是看不到的东西，但是其威力却非常大，而猜疑同样是婚姻的大敌，它能够在瞬间毁灭掉一个和睦的家庭。就比如上面这个故事中的夫妻，他们就是因为猜疑而导致了一个美满婚姻的破裂。

猜疑，其实就是以一个假象为目的然后进行封闭性的思考，所以人们在猜疑的时候，都会被自己的思想所左右。猜疑本就是家庭的毒药，有了猜疑，一个家庭中的爱就无法尽情发挥出来，更无法完全表达出来。猜疑就像是一堵墙一样，如果不将其推倒，那么就无法领悟到珍惜的内涵。所以如果想要让我们的婚姻生活更加美满和幸福，那么就不能猜疑，要对爱情有十足的信任。

信任就像是一缕阳光一样，其能够消除隔阂，消除误会，建立相互信任、相互理解的家庭气氛。当感情出现危机的时候，一定要坚持沟通，坚持信任，只有这样矛盾就会化解，误会就会消除。

很多情况下，想要拥有爱情并不是很难，但是想要长久支持爱情就是一件很难的事情了。因为这个过程非常琐碎，经历的时间也相当长。所以夫妻之间应该相互信任，相互支持，这样我们的爱情就能够亘古不变。

感动，一种久违了的感觉

感动是一种能够让人舒服的感觉，虽然它没有办法预定，也没有办法刻意追求，但是它在不经意之间发生，往往能够触动一个人的内心世界。而就是这轻柔的一瞬间会让英雄也落泪，也正是这轻轻的一瞬间能够带来多少悲欢离合、铭心刻骨的故事。

当我们在这个社会中摸爬滚打的时候，我们有没有想过已经多久没有体验过感动了？很多人沾染了功利的气息，很长时间里心就像是一潭死水一般，甚至开始对人性感到麻木。

2006 年，广州的几所学校联合发起了"什么事情让我感动"的问卷调查，结果，54%的受访者认为自己是一个不容易被感动的人；而在

"你曾经做过哪些事令父母最感动"的调查中，很多人干脆就交了白卷，因为他们找不到这样的事情。

这是一个让人非常痛心的调查结果，而这也值得人们反思。有的人思考事情的方式似乎就只有一个，那就是从自己的利益出发，而将感情、良知等最为本质的东西全部都抛到了脑后。在我们的身边不乏有这样的人，因此也让人感到可悲而又可叹。

我们想想，如果再过上几十年，人们都丧失了这种感动，人们就如同行尸走肉一般行走，到那个时候追悔就已经晚了。所以现在，当我们的内心还有一丝感动的时候，我们不妨多做一些让别人感动的事情，同时努力发现身边能够让我们感动的事情。

我们来看一个故事。

有一对夫妻有事外出，回来的时候需要坐船到临近的一个城市，然后再坐大巴车回家。当他们两个人从船上下来的时候，已经是饥肠辘辘了，但是他们的口袋里只剩下了4块钱，而从这个城市到另外一个城市的家中有将近100公里的路程，两人买完车票之后就只剩下了一块钱。

他们左思右想也不知道去吃什么，最后他们来到一个小饭馆里面，然后要了一碗一块钱的鸡蛋汤。当鸡蛋汤端上来的时候，一股浓烈的香味更让人饥肠辘辘了。男人非常艰难地咽了一口唾沫，然后对妻子说："快点儿吃吧，过一会儿我们就要回家了。"

178

妻子则说："你不吃的话，我也不吃。"就这样两个人一直相互推让着，丈夫有点生气了，转身从小饭馆出去了，蹲在门口。

此时丈夫的心里非常不好受，他没有想到自己居然让妻子过这么艰苦的生活，他的心里很不是滋味。

就在这个时候，妻子也走了出来，她拉着丈夫回到了饭馆，只看到桌子上多了两碗馄饨，散发着非常诱人的气味。原来老板娘看到了两位的辛苦，于是就送了他们两碗馄饨。两个人吃完了馄饨，感谢了老板娘之后就离开了这座城市。

回到家之后，丈夫对妻子说："这是我这一辈子吃过的最好吃的东西。"就是丈夫的这句话，妻子就开始学做馄饨，后来两人干脆摆了一个卖馄饨的摊子。因为他们的馄饨物美价廉，而且两人又非常老实，所以远近的人都喜欢来他们家吃馄饨，慢慢地生意越来越好，他们成为了远近闻名的"馄饨夫妻"。而他们的生活水平也慢慢好了起来，他们买了房子、买了车，但是两个人的感情却越来越淡漠了。最开始的时候两个人会因为一些小事情吵架，之后丈夫就整夜整夜不回家了。

最终两个人还是走上了离婚的地步。他们在写好离婚协议书之后，丈夫问妻子："你现在还有什么愿望，只要我能够帮助你实现的，我一定会努力去满足你。"妻子说："那就再带我到那一家吃一次馄饨吧。"丈夫思考了很久，还是答应了妻子的要求。

夫妻二人开车来到了那个城市，但是城市发生了很大的变化，当年的那个小饭馆已经不知道在什么地方了。丈夫说："现在已经找不到了，我们去最好的饭馆吃吧。"妻子坚持不同意，于是两个人就在各个大街小巷找那家小饭馆。但他们从一个小巷道走出来的时候，突然一辆车开过来，丈夫一把将妻子拉到了怀中。此时他才感觉到了妻子的瘦弱，他也才明白了这些年妻子为这个家付出的辛苦，他的心中很不是滋味。

那天他们还是没有找到那家小饭馆，但是他们回家之后就再也没有提起离婚的事情。虽然他们的生活中还是有争吵，但是"离婚"再也没有出现过。

上面故事中的夫妻二人，经过千辛万苦终于有了一个小康家庭，但是他们却无法在一起共享乐。这其实就是因为他们已经淡忘了曾经在一起辛苦的感觉，虽然当时他们的生活不如意，但是他们彼此之间心存一种感激，他们能够理解对方。所以我们千万不要将我们内心的感动遗失，因为我们不知道这种感觉会不会经常出现，我们需要维护它，让它时时刻刻存在。

生活中的人情世故、琐碎小事都很有可能让人变得麻木，会让人在不知不觉间失去一种感动。而一旦失去了这种感动，那么自己就会变成一个麻木的人，对于任何事情都提不起热情。感动其实是很简单的一件事情，我们只要愿意付出，那么感动就永远会存在。

一个懂得感动的人，会不断去审视自己的人生，他们会去考虑有没有什么东西值得自己珍惜。这样的人才是最幸福的人，他们会告诉自己，不要将感动遗忘，因为生命需要一次次的感动。

不要将我们的感动遗忘在记忆的角落里，让我们做一个懂得感动的人。一个懂得感动的人，就学会了对生活的审视，可以发现身边值得感动的事情，并且做出让别人感动的事情。一个懂得感动的人，才是这个世界上最幸福的人。

另外，我们要懂得去享受别人给予的感动。就好比我们去茶馆喝茶，在此之前不需要我们额外做什么，当茶出现在我们面前的时候，我们只要懂得认真去品就是了，然后再将感谢留给对方。感动其实也是这样，要懂得品味，要懂得感谢。

我们的生活中每天都会遇到很多人，而每天也都会发生很多事情。而在这些人和事情中，总有值得我们去感动的，我们或许会因为此而高兴，或者悲伤，或者欢呼，甚至为此而哭泣，这其实就是感动。感动就好比是我们心灵的润滑剂，能够让我们早已干涸的心变得滋润起来；感动同时还是营养液，其能够让我们的心灵变得更为强大。

有一天一对父子走进了一家饭馆。这位父亲是一位盲人，他布满密密麻麻皱纹的脸上有一双大而没有神的眼睛，他身旁的儿子搀扶着他，他的儿子看上去已经有 20 岁了，父子二人的衣服都很朴素, 两人坐在了一个离收银台很近的桌子旁边。

"爸, 你先坐着, 我去点菜。"说完之后, 儿子起身朝收银台走去。

儿子大声地对收银员说: "两碗牛肉面。"当服务员正要开票的时候, 他忽然用力摆了摆手, 然后指着墙上的价目表, 用手势给服务员说, 一碗是牛肉面, 一碗是葱油面。服务员先是一停, 之后就明白了这个年轻人的意思, 他大声说牛肉面为的是让自己的父亲听到, 但是因为他们囊中羞涩, 所以其中一碗悄悄换成了葱油面。服务员会意地朝年轻人笑了笑, 而年轻人的脸上露出了感激的笑容。

过了没多久, 从厨房中就端出了两碗热气腾腾的面。年轻人小心地将有牛肉的一碗推到了父亲的面前, 然后对他说: "爸, 面来了, 趁热吃。"自己则端过那碗葱油面, 然后吃了起来。老人却不吃饭, 他摸索着拿到筷子, 然后从碗中夹起很大的一块牛肉, 然后慢慢朝着儿子的方向夹过去。

"你多吃点肉, 正长身体呢。"说完之后布满皱纹的脸上绽放出了笑容。年轻人并没有阻止父亲的行动, 只是默不作声地接过了那块牛肉, 然后又悄悄放到了父亲的碗中。吃了一会儿之后, 父亲说: "这家饭店面里面的牛肉还真是不少啊。"

年轻人则笑着说: "爸, 你赶紧吃吧, 我的碗里都放不下了。"

于是老人开始吃起来，他夹起一块牛肉放到嘴里，然后慢慢嚼了起来，男孩也微笑着大口吃着自己的葱油面。父子二人的所有举动都被饭店的老板看在眼里，他让服务员端过来一份白切牛肉。男孩看了看服务员，然后对他说："你放错了吧，我们没有点白切牛肉。"老板此时走过来说："没有错，今天是我们的店庆的日子，所以我们赠送一盘牛肉给你们。"男孩也只是笑了笑，然后将几片牛肉放到了父亲的碗中，然后再从包里面翻出来一个装着馒头的袋子，然后将其他的牛肉都放到了袋子里。

等到父子二人走后，收拾碗筷的服务员发现在儿子的碗下面压着几块钱，一看正好是六块钱，这就是一份白切牛肉的价钱。

这是一个能够感动人的故事。其实生活中就是这些简单的事情往往能够让我们感动不已。感动就好比是一个小支点，放对了位置就能够产生巨大的力量。我们的生活中不仅仅只是一种感动，我们需要将这些感动输入到我们的脑中，以对我们的行为有所影响。

一个懂得享受感动的人，首先是一个懂得珍惜感动的人，他们时刻让自己保持着一种真诚而且善良的心，他们懂得珍惜生活中的所有美好。

我们要学会享受别人带来的感动，而这些都能够让我们的心灵得到滋润和成长。在感动中，我们可以看到生活的真谛、生命的意义。我们需要学会珍惜感动，将这些带给我们震撼的感觉永远铭记在心头，做一个真诚而且善良的人，那么我们的生活就会非常幸福和美满。

解放，要解放自己的身心

　　现代社会中的人非常忙碌，他们每天从早上起来就开始忙碌，然后一直不停地奔波，他们就好比是一台永不停息的机器一样。而有些成就了一定事业的人，更是没有休息的时间，他们就好比被上上了永不松懈的发条一样，为了自己的梦想一直在奔波。而我们的生命也就是在这样的奔波中耗费，在竞争的过程中，我们的精力也被耗尽。那么到底是什么在束缚我们呢？压在我们心头的到底是什么呢？或许是欲望？或许是利益……但是我们有没有想过其实这些东西的源头还是我们自己的想法。所以我们在追求这些的同时，也要懂得适当给自己放一个假，从中解放我们自己，然后去认真享受生活。

我们来看这样一个烦恼的少年寻找解脱自己办法的故事。

有一天，烦恼少年来到了一个小河边，然后看到一位老翁坐在垂下来的柳条下面，手中握着一根鱼竿，然后非常气定神闲地在钓鱼。

于是，烦恼少年走上前去，然后对老翁说："老先生，您能够给予我一定解脱烦恼的方法吗？"

老翁抬头看了看这个烦恼少年，然后对他说："孩子，你现在如果能够和我一起来钓鱼，那么肯定就不会有烦恼了。"

烦恼少年坐下来尝试了一会儿，但是他感觉效果不好，于是就离开了，他要继续寻找。

过了一会儿，他在路边看到了两个在石桌上下棋的老人，他们也显得非常怡然自得。于是烦恼少年走上前去，想要从他们那里找到解脱烦恼的办法。

老人听了烦恼少年的话之后，于是对他说："可怜的孩子，伸出你的手，让我看看你的手吧。"

少年伸出手让老人看了看。老人对他说："年轻人，我看你腿脚灵活，而且双手也能够自由伸展，既然没有任何东西束缚着你，我也不知道你为什么要烦恼。其实烦恼都是你心中的心结解不开而造成的，是你自己捆绑住了你自己，如果自己不帮自己，那么其他人也没有办法帮你了。"

烦恼少年对此愣了愣，然后想了想，似乎有些明白老人的意思了。他想：是啊，我的双脚能够自由奔跑，双手能够自由伸展，我本来就是一个自由的人，那么我何必捆绑住自己呢？此时少年准备起身离开了，忽然发现面前是一片汪洋，而有一叶小舟在自己的面前飘荡。烦恼少年赶紧上了船，但是船上只有一双桨，没有渡工。少年环顾着四周，然后大喊着说："有谁能够渡我？"

此时从水边出现了一位老人，他说道："请君自渡！"说完之后就自顾自地离开了。于是少年拿起了双桨，然后轻轻划着。此时面前的水却变成了一片平原，于是少年走上了大路，然后开心地离开了。

其实从这个故事中，我们可以看到世界上的所有人都是自由的，但是很多人都是因为自己困住了自己。他们每天思考的都是"房子、车子、妻子、孩子、票子"这些问题，他们忧心忡忡，总是因为这些东西束缚住了自己的心灵。

我们面前的世界本来就是一面镜子，如果我们对它笑的话，那么它给我们的也就是笑容；如果我们对它哭的话，那么它还给我们的同样是哭泣。其实烦恼都是自找的。正所谓：天下本无事，庸人自扰之。我们的一生非常短暂，所以不要束缚住自己的心灵，我们要懂得放开。

很多人烦恼就是因为自己给自己找了很多烦恼,而其中很多人就是不懂得解脱。其实任何事情只要自己想要去解脱,那么就很容易做到解脱。

曾经有一个小孩子在悬崖边发现了一个老鹰留下来的蛋,他非常高兴,于是将这颗蛋带回了家中,并且将这颗蛋放在了鸡窝里面,他想知道这颗蛋到底能不能孵出小老鹰来。

果然没有让小朋友失望,那颗蛋居然真的孵出了一只老鹰。这只老鹰和小鸡们一起长大,每天都和小鸡们一起吃主人给它的谷物,其也自认为是一只小鸡。

有一天,老母鸡匆忙将所有的小鸡都召唤到了鸡舍内。原来有一只老鹰此时就在天空中飞翔,最后这只老鹰从天空中俯冲而下,然后吓得小鸡和那只小老鹰四处逃窜。

经过这件事情之后,那只小老鹰脑中总是想,假如它能够和那只老鹰一样那该有多好,那是多么地威风。

但是身旁的小鸡总是提醒它:"你还是不要做傻梦了,你只不过是一只鸡,你是不能飞那么高的,你还是不要做白日梦了。"小老鹰想想也对,自己只不过是一只小鸡,于是它就还和以往一样,每天等待着主人的谷物。

直到有一天,有一位驯兽师从这个村庄路过,他看到了这只老鹰,于是兴致勃勃地想要教会这只小老鹰如何飞翔。但是他的朋友们却认为他是异想天开，因为这只老鹰的翅膀已经退化，已经无法正常飞翔了。但是这位驯兽师却不这样想，他将这只老鹰带到了屋顶上，然后从高空中将这只老鹰扔了下去。他原本以为这只老鹰从高空中会飞起来，但是老鹰在空中拍了几下翅膀之后就落地了，然后它还是像小鸡一样到处找食物吃。

驯兽师还是不死心，于是他带着这只小老鹰爬到了一棵非常高的树上，然后将他扔了下去。虽然小老鹰非常害怕，但是本能促使它伸开了翅膀。飞翔了一会儿，之后它看到地面上的小鸡们，于是它还是落地了，继续寻找食物吃，在此之后它就再也不想飞翔了。但是驯兽师一直不肯放弃，他索性住了下来，然后每天都会训练这只小老鹰。直到有一次，他将小老鹰带到了悬崖边上。此时的小老鹰也少了很多的忧虑，它用自己尖锐的眼光看着远方，然后当它被抛出去的时候，它就展开了自己的翅膀然后飞翔了起来。此时，村庄、大树、小鸡们都在它的脚下，它终于实现了自己飞翔的梦想，它可以在天空中翱翔了。

生活中的每个人其实都像小老鹰一样，有过一个翱翔天空、展翅飞翔的梦想。但是这些伟大的梦想都会随着时间的关系而变得很淡，最终在身边人的嘲笑声中而放弃了这些梦想。就算是能够遇到一位懂得欣赏的"驯兽师"，硬是想要教会我们飞翔，我们也会经常因为自己不能飞翔的顾虑而变得畏首畏尾。我们一直会认为自己就是一只小鸡，是不能飞翔的小鸡。

那些自寻烦恼的人值得叹息，但是有些人明明有能力去改变自己的生活，但是还是屈服于放弃之中，那么这种人就更加可悲了。我们不能像小鸡群中的小老鹰一样，放弃自己飞翔的梦想和自己飞翔的能力。我们要懂得从束缚中解放自己，然后努力飞翔。

解放自我其实就是在前进，前进是我们生活的动力，是一种不可或缺的动力，这种动力必不可少。一个聪明的人总是懂得给自己找到合适的前进方向，懂得让自己放下所有的束缚。

如果想要解放自己，首先要从身体上开始解放，我们要多给自己一些休息的时间，让自己远离那些忙不完的事情，给自己的心灵和身体一个放松和清静的机会。另外，在解放自己的过程中还要懂得宽容自己，然后放弃那些无意义的忧虑。我们应该去做我们值得去做的事情，一旦做出了也就不要后悔，要给自己找到一个正确的位置。不要让自己总是生活在忧虑之中。

另外，想要解放自己还要懂得宽恕别人，给自己的心灵一份纯净和安静。

擦掉我们内心的灰尘，敞开自己的心扉，让我们做一个自由的自己。面对现在这个嘈杂的社会，我们需要从内心深处解放自己，我们要懂得彻底解放，给我们的身体和心灵一个信息的空间。

爱情，改变自己才有美好

　　爱情，这个词语听着就让人很享受。爱情本来就是一个非常美妙的过程，爱情不仅需要彼此的信任，爱情不仅需要时刻给对方感动，其实爱情还需要改变自己，不要一味去要求对方做到什么，而是积极尝试着改变自己。只要你是爱对方的，那么一些非原则性的问题都可以改变。这样你所拥有的爱情会更为甜美，这样你的幸福指数才会很高。

　　很多恋爱中的人都有强迫症，他们都喜欢对方能够顺从自己，能够迎合自己，从而展现自己的征服欲。如果有一个人心甘情愿为你做改变，这说明对方足够珍惜你，所以我们无须去要求对方一味迎合我们，我们也可以为对方考虑，适当地做出一些牺牲。

爱情是一件神圣而又美好的事情，每一个人在恋爱中都能够感觉到甜蜜或者痛苦。如果我们真心在乎一个人，那么就很难看到对方的缺点，因为我们可以有足够的耐心去包容对方，甚至最后都无视了对方的缺点。当我们在苛求对方做出改变的时候，其实可以想一想我们这样做是不是有点过分，换一个角度去考虑，看对方也愿不愿意去接受这一点。

当我们处于爱情中的时候，最主要的是改变自己，而不是一味要求对方，让对方做出改变。己所不欲，勿施于人，自己都不想做的事情为什么要强加于别人呢？我们要懂得尊重对方，给对方一个足够的个人空间，而不是让对方变成和自己一样的人。

我们不要过度苛求对方做出怎样的改变，而是学会尊重对方，然后用自己的改变去经营自己的爱情。也只有这样做了，我们的爱情才能够在我们的经营之下变得更加坚固。

我们应该看到自己身上的缺点，然后尽力去改变这些。我们不要要求什么完美，如果是属于你的，那就好好珍惜，适当地可以做出一些改变；如果不是你的，那也不要过多地奢求。如果一味作茧自缚，那么最后痛苦的就只有自己。我们不要因为苛求而让自己的生活变得狭窄，及时改正我们的这种观念，然后保证我们爱情的稳定性。

而在爱情中也不要一味看到了对方的缺点不放手，我们应该想对方美好的一面为什么没有被自己发现。如果喜欢一个人，那么就要懂得包容对方的一些小缺点，而不是总是斤斤计较他们的这些缺点。将对方的优点不断放大，而将对方的缺点不断缩小。这样我们的感情就不会出现负担，爱情也会让我们的生活变得更加愉快。

任何人都有好的一面，所以我们需要认真地去观察到对方的优点，此时就不要吝啬自己的语言了，我们应该大胆地告诉对方，然后表示自己很幸运，能够和对方在一起。我们要懂得夸赞对方，任何人都喜欢被别人夸奖。

任何人的性格中都有一些不被人接受的东西，所以我们不要去苛求对方，我们更不应该去抱怨对方。如果爱对方，那么就适当做一些改变。你所作出的这种改变带来的不是痛苦，你所作出的改变是你们幸福的开始。如果你希望你的爱情和你的生活能够幸福，能够让人满意，那么适当作出一些改变，爱对方就要懂得为对方改变，或许对方也是这样做的。

平淡，本来就是一种幸福

我们的生活不是电影，也不是小说，其中没有看不完的惊心动魄，自然也没有说不完的爱恨情仇。我们的生活都是琐碎的小事，都是一些柴米油盐的粗事。但正是这些事情，才组成了我们最真实的生活，而其中包含着最大的感动。

朱自清先生在他的散文《背影》中就是通过一件小事来入手，然后将父亲和儿子之间的感情描写得淋漓尽致，让人感到非常感动。

当时的朱自清还是一个年轻人，他在北京读书。在那一年他的祖母去世，而他的父亲又失业了。朱自清在回家奔丧之后，因为自己的父亲要到南京去找工作，所以两个人便一道去了南京。当时朱自清还要继续北上去读书，《背影》讲述的正是他父亲送他上火车的情形。上车之前，他的父亲给他买了一点橘子，于是就有这样一段描写。

　　走到那边月台，须穿过铁道，须跳下去又爬上去。父亲是一个胖子，走过去自然要费事些。我本来要去的，他不肯，只好让他去。我看见他戴着黑布小帽，穿着黑布大马褂，深青布棉袍，蹒跚地走到铁道边，慢慢探身下去，尚不大难。可是他穿过铁道，要爬上那边月台，就不容易了。他用两手攀着上面，两脚再向上缩；他肥胖的身子向左微倾，显出努力的样子……我再向外看时，他已抱了朱红的橘子往回走了。过铁道时，他先将橘子散放在地上，自己慢慢爬下，再抱起橘子走。到这边时，我赶紧去搀他。他和我走到车上，将橘子一股脑儿放在我的皮大衣上。于是扑扑衣上的泥土，心里很轻松似的，过一会说："我走了。到那边来信！"

　　文章中的描写非常朴实，感觉像是一幅画一样呈现在了人们的面前，但是却能够带给我们十足的酸楚。这就是因为我们也被感动了，我们会被那种伟大的父爱所感动。这其实就是生活中的琐碎，这些都是能够让我们感动的。我们的生活中有着太多这样的感动，只不过我们没有发现罢了。

　　曾经有一个一直没有独立出门的年轻人，现在要独自去生活了，他的母亲有点对他不放心，帮着他打点行装。他的母亲为他装了一个非常大的背包，他发现其中除了一些必需的物品之外，大多数都是一些可带可不带的东西，于是他对母亲说，这些都是一些非必需品，出远门的话带着有点烦琐。于是，他将这些东西一件一件都拿了出来，为了不让自己的母亲伤心，每一次他拿出东西的时候都会解释好几句。母亲则站在他的身旁一句话都没有说。

　　后来，年轻人从背包中翻出来了一瓶水，是一瓶很大的瓶装水。他想到处都能够买到矿泉水，带着这个有什么用呢？于是他就将这个拿了出来，这一次母亲却毫不犹豫地坚持要将这瓶水放到背包中，嘴里还在不停念叨着说："这个是一定要带的。"

　　看到儿子的脸上写满着不情愿，于是母亲说："还是带着吧，虽然路上重一点，但是我害怕你出远门水土不服，所以给你带来一些家乡的水。"母亲接着说："你小的时候，有一次我带你出门，结果你病了。听很多人说你这是水土不服，只要能够喝到家乡的水就没有问题了。从此之后我每一次带你出去，都会给你带上一瓶水。这一次你一个人出去，妈妈不放心，所以还是给你带了这么一大瓶。"儿子听到这里的时候，已经是热泪盈眶了。

　　其实，我们身边的很多人都有着这样相同的经历，而在这个时候我们的内心都不知道该说什么了，其实心中的就是感动。我们平常的生活和工作基本都是重复的，人们在既定的程序上工作和生活，慢慢地就会变得麻木，最后让自己变得无精打采。此时，我们就是需要一种感动能够刺激我们的神经，我们需要一种感动来激发我们的心境，哪怕这种感动只是很小的一点儿，但是同样能够让我们的生活不一样起来。

我们需要珍惜生活中的真爱，因为这就是我们生活中最为真实的部分。生活虽然很琐碎，但是每一份琐碎后面都有一种无法挖掘的生命真谛。生活本就是柴米油盐酱醋茶的小事，但是就在这种琐碎的小事中蕴含着太多的幸福和感动。我们需要认真去寻找身边的那些事和人，这样我们就会感觉到非常幸福。

给予，将感动送到下一站

　　当别人给予了我们感动的时候，很多人只知道去享受这个过程，但其实我们更需要给别人一种感动。享受感动的人要懂得去珍惜感动，珍惜感动就需要努力留住感动。在我们的生活中，我们能够发现身边感动我们的事情，同时我们还要能够去营造感动。我们需要用自己的行动去营造出一种感动，这就是珍惜感动的升华。

　　松下幸之助曾经说过："为他人设想就是能够感动他人的做法。"的确如此，如果我们能够时刻为别人着想，那么别人就能够感受到我们的关心，自然就能够被我们所感动。

　　1973 年，因为中东战争而引发了全球性的石油危机。当时香港的经济也受到了很大的冲击，尤其是对塑胶行业来说这种冲击是致命的。

香港的塑胶行业全部依靠进口，石油危机带来的就是价格暴涨，其从最初的每磅6角5分一路上涨，到秋天的时候已经涨到了每磅5港元。当时给塑胶制造业带来了一定的恐慌。好多厂家因为原材料的不充足而纷纷选择关门大吉，很多企业也在这个时候倒闭了。

而当时，香港塑胶原料的价格之所以飞速上涨，是因为香港的一些进口商利用石油危机带来的心理影响而垄断价格，最终使得价格节节攀升，最终到了厂家无法接受的高位。

此时就是香港塑胶行业生死危急的关头。当时李嘉诚是塑胶行业商会的主席，他此时挺身而出，在他的倡议下，数百家塑胶厂联合起来成立了联合塑胶原料公司。而联合公司主要是从国外进口原料，这样价格就会相对便宜一些，购进原料之后，再由联合公司出面，然后按照一定的比例分给各个股东和厂家。

联合公司的出现，使得原料进口商的价格垄断不攻自破，他们不得已也只能选择降价的方式。就这样，笼罩着香港的原料阴影，终于在李嘉诚和众位的努力下烟消云散了。

而且在这个拯救行业的行动中，李嘉诚还有着其他的惊人举动。他当时将长江公司的库存原材料拿出了1243万磅，然后以低于市场价一半的价格卖给了一些渴望原料的会员厂家。而在直接从国外购回原料之后,他又将属于长江公司的 20 万磅以购入的价格分销给了需求量较大的厂家。

在当时,受到李嘉诚帮助的厂家多达几百家,李嘉诚的行为可谓是雪中送炭,所以当时很多人都认为他是香港塑胶行业的救世主。

而当时,李嘉诚所在的长江实业已经将工作的重心转移到了房地产方面,而且他们本身有足够的原料储备,所以当时的形势对他们来说基本上没有任何的影响。但是李嘉诚当时还是选择了挺身而出,他的这种举动,自然是为他树立了一种崇高的商业形象,而之后他的声誉和威望已经是空前高涨,自然他也获得了无穷无尽的财富。李嘉诚正是因为为大家着想,最后给大家带来了感动,所以才能够赢得今天的地位。

其实很多国家都有这样一句谚语,赠人玫瑰,手有余香。这句话和李嘉诚的行为非常贴近,其实在我们的生活中有很多这样的事情发生。

在某个小区里住着一位盲人,他每天晚上都要到楼下的小花园里去散步。但奇怪的是,每一次他上楼或者下楼的时候都要按楼道里的灯。有一天一个邻居实在忍不住了,于是问他说:"你的眼睛本来就看不见,你开灯有什么意义呢?"盲人则回答说:

"我之所以开灯是希望能够给别人带来方便，而这个过程也能够给我带来方便。"邻居还是感到非常奇怪，于是问他说："这又给你能带来什么方便呢？"这个盲人笑着说："打开灯之后，大家就能够看到路，而不至于撞到我了啊。难道这不就是在给我方便吗？"此时邻居才恍然大悟。

接受和给予几乎会同时出现，我们不能只是一味接受，而不懂得给予。如果能够给别人带来感动，本身就是一种快乐的事情，而且当我们带给别人快乐的同时，我们的心灵也能够得到提升，或许这就是意想不到的结果。

能够享受别人给予的感动是非常幸福的一件事情，所以我们也要懂得给予别人感动，而我们所营造感动的这个行为就是品格的升华。你能够带给别人感动，那么你自己也就能够获得快乐。

当我们在享受别人带来的感动时，也要想着给别人营造一种感动。赠人玫瑰，手有余香。享受别人的感动要懂得珍惜，更要懂得升华这种感动。

感恩，能创造快乐的源泉

　　在生活中，我们需要有一颗感恩的心。我们要感谢父母给了我们生命并且养育我们、关爱我们；我们要感谢祖国给我们带来了和平，让我们能够安居乐业；我们要感谢那些曾经帮助过我们的人，没有他们的帮助或许我们就没有办法生活下去……甚至我们也要感谢那些曾经伤害过我们的人，正是因为他们的伤害让我们变得更为坚强。

　　能够拥有感恩的心，就是能够快乐的根本。如果我们能够对生命中的所有人都时刻抱着一种感恩的心态，那么我们就能够体会到十足的快乐，而我们的人生价值也就会在这个感恩的过程中得以实现。

　　感恩的心能够给我们带来快乐，能够让我们

做到知足常乐。感恩并不是一种炫耀的心态，更不是停滞不前，而是将我们在生活中遇到的人、遇到的事看成是我们的荣幸，认为这就是一种鼓励，我们要懂得回报他们。感恩的心能够时常警醒我们的心灵，让我们投身于仁爱的行为中去。一个知道感恩的人是充满着爱心的人。

拥有一颗感恩的心能够让我们正确面对前路。人生在世不可能一直一帆风顺，面对失败和挫折的时候，我们不应该失去信心，而是应该想办法积极解决问题，我们甚至此时可以感谢这些挫折，因为这些挫折能够让我们更加强大。我们在挫折面前不能只是抱怨，更不能变得消沉和萎靡不振，我们应该感恩生活，要做到跌倒了再爬起来。英国作家萨克雷说："生活就是一面镜子，你笑，它也笑；你哭，它也哭。"当我们感恩生活的时候，生活就会赐予我们阳光；而如果我们只是知道怨天尤人，那么我们终究会一无所获，输得很惨。在我们成功的时候，固然有很多感恩的理由；失败的时候，我们却无法给自己找到感恩的理由。其实失败的时候我们更应该感恩，我们要在失败的时候找到能够再一次站起来的理由，此时感恩就非常重要。

康德说："在晴朗之夜，仰望天空，就会获得一种快乐，这种快乐只有高尚的心灵才能体会出来。"我们的生活需要感恩，如果一个人不懂得感恩，那么他的生活就会变得暗淡，他的整个人生也就失去了滋味。

17世纪中叶，英国开始清除清教徒，很多清教徒被逼无奈只能选择到荷兰去躲避。但是逃亡到荷兰之后，清教徒们不但没有得到庇护，反而遭受到了战争的痛苦和折磨，他们为了能够生存下去，决定选择再一次的大迁徙。

这一次，清教徒们看中了美洲这块新大陆。当时的美洲在很多欧洲人眼里是一片幅员辽阔的地方，那里物产丰富，而且那里的人民都过着幸福的日子，他们那里没有国王、没有议会，更没有刽子手。清教徒们也认为这里才能够让他们自由自在地生活，他们还认为这里能够让他们传播自己喜欢的宗教，能够快快乐乐地过每一天。

于是，清教徒著名的领袖布雷德召集了102名同伴，于1620年9月，共同登上了一艘重180吨、长90英寸的木质帆船——五月花号，然后开始了他们的美洲旅程。当时因为形势过于紧迫，所以他们是在一年之中最为糟糕的季节渡洋的。

这一路上他们经历了太多的狂风暴雨。也许是他们受到了上帝的佑护，他们的船只没有受到任何的损害。他们总共航行了长达66天，最终到达了北美大陆的科德角，也就是今天的美国马萨诸塞州普罗文斯敦港。他们休整了几天之后，开始继续沿着海岸线航行。

大概又过了几天时间，五月花号离开了科德角湾，他们在一个叫作普利茅斯港抛下了锚链。船上的移民们划着小船登陆了，按照当时的航海规矩，他们首先登上了一块很高的大礁石。紧接着五月花号上响起了礼炮声，他们开始庆祝他们全新的生活。而之后这块礁石被称为"普利茅斯石"，成为了到美洲的这批英格兰人第一次永久移民的历史见证。

但是接下来的第一个冬天，对于这些渴望幸福的移民们来说并不是很幸福。他们不得不面对繁重的劳作、糟糕的饮食、严酷的寒冬，以及不断来到的传染病，他们中很多人都失去了生命。历尽艰辛来到这里的 102 个清教徒此时只剩下了 50 个，他们每个人都是一脸愁容，他们对未来已经失去了信心。

但是他们还是迎来了转机。在第二年春天的一个早上，有一个印第安人走进了他们的小村庄，原来他是附近村落的酋长派来的"督察员"。而这也是这些清教徒们在移民之后迎来的第一个客人，他们热情地招待了这个客人，并且将他们所经历的痛苦讲给了这个客人听。这位印第安人默默听完了他们的诉苦，在他的脸上流露着无限的怜悯和同情。过了几天之后，这位"督察员"带来了他们的酋长马萨索德。马萨索德是一个非常热情的人，他对移民们表示了欢迎，而且送给了他们很多必需品，同时还派出了几名最为能干和有经验的印第安人留在这里教给他们捕鱼、狩猎、耕作以及饲养火鸡等生存技能。

结果，这一年天气是风调雨顺，再加上这些好心印第安人的帮助和指导，移民们获得了大丰收，他们终于渡过了难关，之后的生活开始变得安定和幸福。这一年的秋天，他们感谢印第安朋友的帮助和照顾，这也就是历史上第一个感恩节。

　　感恩听起来是一个非常美好的词语，它也是人们心中的一种深刻的感受。感恩的过程能够增进一个人的魅力，能够开启一扇美好的大门，能够挖掘出人们无限的智慧。感恩同时也像是一种特质一样，能够改变人们的内心世界。我们需要认真地去感激别人，不要虚情假意，让我们经常将"谢谢你"等词语挂在嘴边。

　　感恩是一种对生活的感动，是一种对生活的珍惜。从现在开始请珍惜我们身边的所有人和事，珍惜我们的生活。如果我们常怀着一颗感恩的心，生活就会变得更加美好。

　　每个人的一生中都会碰到很多挫折和磨难，面对这些感恩就是最好的解决办法。我们如果能够拥有一颗感恩的心，那么就能够以一种快乐的心态去面对生活，其能够给我们带来很多的收获。我们将心灵寄托于此，那么我们就会获得之后的大丰收。感恩不是停留在嘴上的一个词语，我们应该真正做到感恩，真正尝试着去感谢别人为我们做出的一切。

辑七　>>>
与成长的自己相遇
——伸展吧青春，长成自己的样子

伸开你的翅膀吧！不用骗你，前面不是康庄大道，前面也不是锦衣美食；前面充满着危险，前面是一段荆棘和坎坷。但是勇敢的人可以站在路的这头，然后看着对面，勇敢地背着背包向前走去。你也可以，所以你需要鼓足勇气，其实生活才刚刚开始。来吧！还在等什么？

拥有，是值得珍惜的财富

　　每个人的面前摆着很多东西，它们是美好的。只不过总是有人无法正视这些美好，他们总是认为别人的东西比自己的好。其实我们所拥有的或许就是别人渴望的，所以我们需要珍惜自己眼前的东西，我们需要重视自己，懂得珍惜拥有。这才是我们应该做的。

　　一个人如果要快乐，就需要懂得满足的道理。如果他的心中一直存在着不满的情绪，那么始终都不会快乐。虽然一个人可以对自己的事业和自己的生活始终不满足，但是同样要学会珍惜。

　　曾经有一位年轻人总是认为自己时运不济，

不能够像别人一样去发财，所以他整天都愁眉不展。有一天他遇到了一位白须老人，对方问他说："孩子，你为什么整天都不快乐呢？"

年轻人看了一眼这位老人说："我是一个彻底的穷光蛋，我现在没有房子，也没有一份像样的工作，而且收入也不高，整天都过着饥一顿饱一顿的日子，像我这样一无所有的人怎么可能高兴起来呢？"

老人则笑着说："傻孩子，其实你可以尝试着笑一笑的。"

年轻人对此非常不解，他认为他的情况已经很糟糕了，已经没有办法笑出来了。

然后老人则非常诡异地说："其实你是一个百万富翁，只不过你自己不知道罢了。"

年轻人有点不开心了，他说："百万富翁？你开什么玩笑？你这是戏弄我吧！"说完之后就准备要走。

老年人则说："我怎么会拿你寻开心，你不妨回答我几个问题。"

年轻人非常好奇地想知道是什么问题。

老人说："现在，我拿出20万金币，然后买你的健康，你愿意吗？"

年轻人坚定地摇了摇头说："我不愿意。"

"那么，我现在拿出20万金币，然后买走你的时间，让你成为一个小老头，你愿意吗？"

年轻人非常干脆地回答说："当然不愿意了。"

"那么，我现在再拿出 20 万金币，然后要买走你的容颜，让你变成一个丑八怪，那么你愿意吗？"老人继续问道。

年轻人想也不想地说："当然不愿意。"

"那么，我现在再拿出 20 万金币，然后要买走你的智慧，你愿意吗？买走之后你就变成一个浑浑噩噩的人。"老人问道。

年轻人非常肯定地说："只有傻瓜才愿意这样做。"

最后老人又说："那么你回答我最后一个问题，假如我拿出 20 万金币，然后让你去杀人放火，那么你愿意吗？"

"天哪，这种丧尽天良的事情我才不去做呢。"年轻人甚至有点气愤了。

"年轻人，你已经听到了，我刚才拿出了 100 万金币，然后去买你拥有的东西，你都不愿意。难道你不是一名百万富翁吗？"老人微笑着对年轻人说。

年轻人呆了一会儿，突然好像明白了什么。

其实我们在羡慕别人的同时，已经忽视了自己身上所具备的财富。健康、时间、美貌、智慧、良心这些都是我们的财富，每一样都是无价的宝贝。既然我们都具备了这些宝贝，那么我们还缺少什么呢？所以我们需要好好珍惜现在的这些东西，然后好好利用它们。我们需要放弃那些自己不能够拥有的渴望，放弃那些让自己变得伤悲的情绪，此时我们就会发现我们也属于百万富翁。

人生最大的悲哀不是因为自己不具备财富，而在于没有意识到自己所拥有的财富。我们这些健全的人比起那些不够健全的人来说，已经幸运很多了，我们所拥有的健康，是他们所最渴望的东西。其实我们如果能够意识到自己每天早上起来还可以呼吸，那么我们就是世界上最幸福的人了。

在欧洲的一个国家中有一个著名的女高音歌唱家，她在 30 多岁的时候就红遍了全国。后来她找到了一位如意郎君，他们的生活非常幸福，让所有人都感觉到非常羡慕。

有一年这位女高音去邻国举办个人演唱会，入场券在最初就被抢购一空，在晚上的演出中她得到了大家热烈的欢迎。在演出结束之后，她的丈夫和儿子一起到剧场来看望她，而他们被等候在那里的歌迷团团围住，歌迷都表示了自己的羡慕之情。

但就在人们表示羡慕的时候，这位女高音什么话都没有说。当人们说完话之后，她只是淡淡地说："我先要对大家的赞美表示感谢，我希望在之后的生活中我们能够共享快乐。但是你们只是看到了我光鲜的一面，其实我的儿子是一个不能开口说话的聋哑人，而且我还有一个常年关在家里的精神分裂症女儿。"

　　这位女高音的话说完之后让所有人的都为之一惊，他们你看看我，我看看你，都不知道该说什么了。

　　而这位女高音则非常平淡地对他们继续说："不过这些能说明什么呢？其实只能说明一个道理，那就是上帝对每一个人都是公平的，给谁的都不会多。"

　　其实很多时候我们所拥有的东西别人并不拥有，拥有优点的人们其实都拥有一定的不足。所以我们没有必要为了别人的拥有而感到不开心，应该为了自己所拥有的感觉到开心。很多人都有过这样的经验，他们在无意间获得了很大的快乐，但是他们要再次寻找的时候却再也找不到了。于是，他们开始感叹自己失去了太多美好的东西，而他们的一生都在不快乐中度过了。其实每个人都应该重视现在，而不是看重过去，如果我们只是一味地抱怨昨天，那么我们今天也就不会过得舒服了。

　　对于我们现在所拥有的，我们应该懂得感恩，更应该懂得珍惜。罗曼·罗兰说过："我们生活在没有变故的日子里，不觉得一切顺利进行是多么可贵和多么值得我们欣慰和感谢的。"所以我们要懂得珍惜我们现在所拥有的一切。

　　当然珍惜现在并不是让我们自我麻醉，更不是让我们自欺欺人。而是在强调让我们紧握自己手中的幸福，懂得自己现在所拥有的财富，从而丢掉那些不如意的东西，以一种乐观的心态去面对明天的世界。

对于我们现在所拥有的，我们首先要珍惜生命，然后对我们的工作、家庭、友情等懂得珍惜，另外我们还需要珍惜时间……虽然我们的现在都不完美，但是我们要懂得珍惜，这样我们就能够创造美好的未来。

其实在人生路上属于我们的东西并不是很多，所以我们要懂得珍惜我们现在所拥有的东西，对我们现在的价值进行肯定。不要等到失去的时候才想到了这些美好。命运都掌握在我们自己的手中，如果我们错过了，那么我们的人生就会变得悲剧。

人生苦短，青春易逝。如果想让我们的人生更具有色彩，那么就需要去珍惜一切，懂得这样的人生才是最完美的人生。看到自己所拥有的财富，而不要只看到自己所不拥有的东西。

朋友，一生一起走的幸福

还有谁孤独地一个人走过，还有谁总是在夜晚里独自饮酒……每个人都有自己的朋友，这些朋友并不一定天天在一起，但是关键时刻这种朋友却能够站出来，陪伴在我们的身边，帮助我们走过最为痛苦的过程。

在人生的漫漫长路上，只要有好朋友的相伴，那么就不会感觉到孤单了。在我们的生活中，好朋友就像是一坛子好酒，时间越长就越醇香，就算是很长时间也没有联系，但是相互之间的关系从来没有冷淡过；就算是相隔着很远的距离，但是彼此的心在一起，之前的友情永远不会改变。好的朋友能够出现在你感觉到痛苦的时候，就像那首歌唱的一样："朋友一生一起走。"

真正的朋友不仅能够做到有福同享，还能够做到有难同当，而这样的朋友值得我们珍惜。当和这样的朋友在一起的时候，我们会感觉到相当美妙，做起事情来也顺利很多了。其实朋友并不会整天给我们说甜言蜜语，也不会整天夸赞我们，但是当我们有困难的时候他们会第一时间站出来，做到"两肋插刀"。但是我们也需要给朋友付出坦诚的心和实际行动。在我们的一生中会结识很多人，但是我们需要认真选择朋友，一个好朋友能够一生伴随我们，能够一生帮助我们。

其实，每个人都有几个非常不错的朋友。朋友是我们生活中的重要沟通对象，他对我们的工作和生活有着很大的影响，能够帮助我们前进。

爱因斯坦曾经说过："世界上最美好的东西，莫过于有几个头脑和心地都很正直的真正的朋友。"然而，好朋友并不是随便都能够遇到的，这种关系是在我们长期相处的过程中慢慢形成的，这种朋友才能够达到彼此心灵上的沟通。人生能够得到一个知己朋友是很不容易的一件事情。朋友之间虽然没有血缘的关系，但正是因为这个原因才显得特别可贵。

在一次暑假里，中学生李晓津和牛健健一起去爬山。当他们爬到山顶的时候，发现他们所生活的城市变成了一幅美丽的风景画，他们感受着这种惬意的感觉。他们是非常要好的朋友，但是因为平常学习任务比较重,所以之间少了叙旧和谈天的时间,这一次他们准备好好享受一下,两个人在山顶上显得非常地兴奋。

就在他们高兴的时候,突然李晓津一脚踩空,他的身躯在山顶上打了一个趔趄,开始向悬崖的方向跌倒了。四周都是陡峭的山石,根本就没有手抓的地方。此时牛健健急中生智一口咬住了下滑的李晓津的衣服,然后一只手抓住一段树枝,就这样他们的形象在空气中定格了。后来大约过了一个小时,其他的游客发现了他们,将他们救了上来。之后有人问起牛健健,他是怎么做到用牙齿将一个人拖住的,牛健健说:"我也不知道,但是我只知道,如果我做不到,那么我的好朋友李晓津就要摔死。"

牛健健用尽了全身的力气保住了李晓津的生命,他们之间的友谊让人非常地感动。其实好朋友之间不是在用承诺来维护关系,好朋友是在漫漫长路中相互扶持、相互照顾而走过来的。

我们再来看一个经典的故事。

有一个老人知道自己的生命即将要结束了,于是他将自己唯一的儿子叫到自己的病榻前,然后叮嘱他说:"我除了能给你一些我的积蓄之外,还能够介绍一位我的好朋友。他住在一个非常遥远的地方,我们已经很多年没有见面了。现在我将他的地址留给你,如果你遇到什么困难的话都可以去找他。"交代完这件事情之后，这位老人就离开了人世，在他的手边留着一张纸条，上面写着他朋友的地址。

年轻人将自己的父亲安葬之后，就开始思索父亲的话，他有点不能理解父亲的话，他自己想："我明明有很多形影不离的好朋友，为什么要在困难的时候去找和他已经很多年都没有见面的朋友呢？"虽然他有疑问，但是他对父亲的话还是很相信，于是他将这张纸条放在了一个非常稳妥的地方。

在父亲离开人世之后，这个年轻人慢慢过上了挥霍成性的生活，他总是大把大把地花钱，不断地会将自己的朋友邀请到家中来，而朋友遇到问题的时候他都会慷慨解囊。他丝毫没有理财的观念，而同时也没有赚钱的本领，所以很快他将父亲留给他的数目不小的积蓄全部花完了。在他一无所有的时候，他去找自己的朋友帮忙，希望他们能够救济一下自己，但是当初那些他帮助过的朋友都变得冷若冰霜，都开始疏远他了。

正所谓"破屋又遭连阴雨，漏船又遇打头风"。有一天，几个放高利贷的人到他们家里来讨账，因为对方的语言有些过分，所以年轻人一气之下将对方打得头破血流。他也知道对方肯定不会放过自己，或许自己过不了多久就要进监狱了，想到这些之后年轻人也有点害怕了，他决定到自己的朋友家去躲一躲，等过了这一阵子之后他再出来。他连夜敲开了好几个朋友的家门，但是他们都不愿意帮助自己，都不愿和官司有所牵扯，而更多的朋友连门都没有给自己开。他感觉到非常不解，因为这些人都是曾经自己帮助过的，而他们也接受过自己很多的好处。想当初他们对自己是那么好，现在居然都不理自己了。就在他无路可走的时候，他突然想到了父亲临终前留给他的小纸条，于是他收拾了一点行李，然后按照纸条上的地址去找父亲的朋友。虽然在一路上他遭受了很多的磨难，但是他终于找到了父亲的朋友。

当年轻人看到父亲的朋友时，他的疑心就更重了，因为他父亲的这位朋友并不是很富裕，估计也没有什么实力能够帮助到他。但是他还是将自己的身份和自己的处境表明给对方，对面的老人丝毫没有犹豫就让他进了家门，并且还让妻子给年轻人准备了可口的饭菜，他自己则急匆匆地出去了。在过了好久之后，他终于回来了，他怀中抱着一个非常大的坛子。让年轻人感到非常吃惊的是，在坛子里装满了金币，而且更让他意外的是，这个老人居然将所有的金币都送给了他。老人一边将这些金币递到他的手中，一边对他说："这些是我年轻的时候和你父亲做生意时分到的利润，现在你将这些全部拿去吧，然后还清你所有的债务，剩下的钱你就留着做一点正经生意吧。"年轻人带着这些金币离开了，他此时才明白了父亲和这位老人之间的友谊。

其实，真正的朋友并不是那种锦上添花的人，真正的朋友都是雪中送炭的。在危难的时候才能够看到朋友之间的感情，真正的朋友能够抵挡住环境和时间的考验，如果朋友只能够共享乐，而无法共患难，那么这样的朋友就不是真正的朋友。一个人能够拥有真正的朋友是非常幸福的一件事情，所以我们要懂得珍惜朋友，懂得在人生的道路上和朋友相互扶持、相互帮助。

朋友，并不是简单的两个字，朋友是人生路上最困难的时候伸出来的一只手，朋友是我们一生中非常重要的人。所以我们需要珍惜自己的朋友，同时我们也要懂得为自己的朋友付出。一个真心朋友能够陪伴我们走过一辈子，一个真心朋友才是我们一生中最为宝贵的财富。朋友并不是短暂的相遇，朋友就像是每个人心底的一首歌，在每一个春夏秋冬，都能够听到优美动人的曲调。

心态，要始终保持好平衡

　　凡是能够成就大事的人，在面对厄运的时候都能够以一种平和的心态去面对。他们不会因为看到眼前的路被堵死而变得不知所措，他们相信自己的力量能够战胜这一切，就算是面前的路被堵死了，但是他们能够蓄积所有的力量找到其他的路。同时，他们对失败后的痛苦和失意能够正确面对，他们对背后隐藏的杀机也能够准确判断。在漫漫人生路上，我们或许会获得很多鲜花，同时也很有可能遇到荆棘和挫折，所以我们需要以一种平衡的心态去看待这些问题，做一个能够成就大事的人。

　　比如肯德基炸鸡的创始人卡耐尔·桑达斯就

曾经经历一段痛苦的过程，但是他最终战胜了所有的痛苦，也曾经历过一段"雨后见彩虹"的故事。

最初，卡耐尔·桑达斯经营着一家汽车加油站，但是因为受到经济危机的影响，所有加油站的生意非常差劲，最终倒闭了。后来他又开设了一家带有餐馆的汽车加油站，但突如其来的一场大火将他的餐馆烧得面目全非。他并没有停下自己前进的步伐，而是开办了一家规模更大的餐馆，但是似乎他没有什么运气，因为他家餐馆附近的一条大路建成通车，使得他家餐馆所在的路成为了偏僻的小巷道，自然就没有什么生意了，最终只能以倒闭了事。

在经历了这么多次失败之后，卡耐尔·桑达斯还是没有放弃自己开餐馆的想法。他考虑了很久之后，决定将自己的一项非常珍贵的专利，那就是制作炸鸡的秘方卖掉。他和很多餐馆达成协议，每卖出一份炸鸡他就从中获得5分钱的利润。

短短的5年时间，出售卡耐尔·桑达斯炸鸡的餐馆遍布美国和加拿大，总共有将近400家。这个时候卡耐尔·桑达斯已经是70岁高龄的老人了，到了1992年的时候，这种炸鸡店已经有将近9000家了。

现在人们能够看到的是肯德基的红火生意，但是他们都没有看到卡耐尔·桑达斯走过的那段崎岖的过程。很多人都只能看到别人风光的一面，但是很少能够看到别人努力的过程。所以，人们总是抱怨自己怀才不遇，都感觉自己很倒霉，其实根本原因是自己没有完全意义上努力过。我们每个人难免在人生的道路上遇到坎坷和波折，其实只要我们的生命没有结束，那么就不能过早断言我们是成功还是失败。所以在人生的任何阶段我们都不能放弃，我们要充满希望，迎接任何形式的挑战。

这就需要我们在心理上找到一个平衡点，能够不断战胜挫折，保证自己在挫折面前不迷失自己。总之，生活中总是出现让我们痛苦的事情，但是只要我们能够坚持过来，那么我们就能够看到风雨之后的彩虹。

曾经有一个年轻人在银行中工作，他一心想要提高自己的学历。于是他将一些参考书翻过来覆过去看了很多次，他坚信自己能够考上，但是他考了很多次都是榜上无名。

虽然这个年轻人没有提高自己的学历，但是他有一个特长，那就是对古币很有研究。在闲暇的时候，朋友们都会拿来一些古币让他鉴赏，他都会非常耐心地给他们讲解其中的知识。因为请教他的人越来越多了，于是他就萌生出了一个想法，他决定编写一本《中国历代钱币鉴别手册》，一方面可以将自己掌握的古币知识系统化，同时还可以对其他有这方面兴趣的朋友起到帮助的作用。

于是，他就在下班的时候开始集中精力去撰写这本专门鉴别古币的书籍。在几个月之后，这本书终于编写完成了。非常幸运的是，他的这本书很快就被一家出版社看中了，首次就印刷了3万册，而且在不到4个月的时间里被抢购一空。

通过这个故事我们可以看到一个人的能力是多方面的，很多时候我们只是看到了一个很小的侧面，我们总是将自己的这个侧面和别人的优点去进行比较，所以就会抱怨自己不如别人，或者去抱怨人生的不如意，慢慢地自己也接受了这种观点，最终成为了一个平庸的人。其实我们虽然有不如别人的地方，但是或许我们有别人所没有的能力和知识，我们应该以一种平衡的心态去看待这个问题。

另外我们要将现在短暂的不顺利看开，就像"蚌病成珠"一样，蚌在愈合伤口之后，伤口处就会出现一颗晶莹剔透的珍珠。其实我们的生活也就是这样，虽然我们痛苦过，但是在痛苦之后我们就可以得到成长。

甚至我们可以理解为，任何形式的不幸和失败都会成为我们成长的原因。而造成失败的原因也就两种，一种是客观的，一种是主观的，我们只要克服了主观方面的缺点，然后努力拼搏，相信就会取得成功。

曾经有一位卖花的姑娘双目失明。虽然她看不到这个世界的美丽,但是她从来都不会自怨自艾,她还是像一个正常人一样每天认真工作以维持自己的生活。

就在一个漆黑的夜晚,她所在的这个城市发生了地震。很多人跌跌撞撞地寻找出路,但是到处碰壁,只有卖花姑娘因为这些年已经在黑暗中熟悉了这个城市的大街小巷,所以她很快就找到了出路,最终走出了这座城市。正是因为她双目失明,所以才帮助她尽快找到了逃生的路。而且她还在这个过程中帮助了很多人,最终她成为了这次地震中的英雄,自此之后她的生活也发生了很大的变化。

这个世界是非常公平的,当上帝给你关闭一扇门的时候,自然就帮你打开了一扇窗。法国一位作家曾经说过,他一辈子结交了很多达官贵人,虽然这些达官贵人都取得了显赫的地位,但是他们每个人都有过一段痛苦的经历。其实一个人如果能够拥有平衡的心态,那么她就能够拥有辉煌的人生。如果我们能够明白这一点,那么我们就不会为自己的得失而感到茫然无措了,我们会更加冷静地面对这些问题。

古语说得好:"人生不如意事十有八九。"辛苦之后带来的就是美满,而快乐之后也会带来痛苦。如果我们想要拥有快乐的生活,就需要保持一份平衡的心态,然后再去努力。

保持平常心就是不以物喜,不以己悲。世间的万事万物都有自己的本性和规律，我们普通人不要想着去改变它们，我们需要以一种平衡的心态去看待它们。人生短短的时间里，出现曲折是再正常不过的事情了，所以无论我们处于哪一个阶段，我们都需要保持一种平衡的心态。

所以，我们不要去羡慕那些比我们过得好的人，而是应该想一想自己拥有哪些东西，我们就会发现自己所拥有的东西要远远多于不拥有的东西。虽然缺失会让我们感觉到很痛苦，但是只要能够正确面对，我们就会豁然开朗。

在我们的生活中没有绝对的公平，每个人都有属于自己的快乐和痛苦，我们只要放弃了羡慕之心和埋怨之心，就能够平衡自己的心态，以一颗平常心去看待世界，那么就能够活出属于自己的精彩和快乐。

"知足常乐，随遇而安"就是一种成就大事业的平衡心态。我们要懂得去平衡自己心中的天平，这样我们就会发现痛苦很少，快乐会很多。

自我，做一回真实的自己

　　繁华世界，悠悠人生。在这个社会中有太多的人，有太多的事情。很多人总是会遗忘了自己，总是会朝着别人希望的方向去做自己，最后回过头来发现，原来自己已经不是自己了，原来生活已经和自己设想的有了很大的差别。忘记那些不属于自己的东西，找回自己，然后认认真真做一个自己，在自己的世界里，看到美好的时光。

　　做一个真实的自己是很重要的一件事情。但是在生活中很多人都迷失了自己，他们不断去模仿成功者的经验，希望能够通过照猫画虎的手段从而取得成功，他们在这个过程中忘记了自己本身所存在的优点。其实每个人都有属于自己的特质和潜力，都有别人无法比拟的优点，只要能够找准自己的位置，那么就能够看到成功的希望。

一个聪明的人在做事情的时候，不会总是询问别人的意见，他们只去做自己想做的事情，做自己应该去做的事情。很多愚笨的人总是会因为自己没有遵循成功者的经验而叹息，聪明人却总是能够坦荡地依照自己的方式去生活。他们所依据的就是先去做自己，然后再去向别人学习。如果想要成为一个聪明的人，我们就敢于去做自己。

索菲亚·罗兰是一名意大利籍的世界著名演员，她年轻的时候为了能够实现自己的演员梦，于是一个人来到了罗马寻求发展。在最初的时候她听到了很多不利于自己在演艺界发展的声音，很多人都认为她个子太高、臀部太宽、鼻子太长、嘴太大、下巴太小……这些议论都认为她无法做一名优秀的演员，甚至都无法在演艺界生存，但是索菲亚·罗兰并不在意这些，她还是坚持着自己的人生追求。

不过，索菲亚·罗兰的坚持取得了成效，最终制片商卡洛看中了她，并且给了她试镜的机会。不过此时摄影师们又开始抱怨索菲亚·罗兰不够漂亮，还是之前的那些理由。于是卡洛对她说："如果你真的想要干这个行业，那么就需要去做个整容手术，将这些问题处理一下。"

但是索菲亚·罗兰有自己的想法,她并不愿意随波逐流,她最终拒绝了卡洛的要求,她决心依靠自己内在的气质而不是外表去在演艺界求得生存。她理直气壮地说:"难道我一定要和别人长得一样吗?无论是我的鼻子还是我的臀部,还是我的其他部位,都是我身体的一部分,我不希望改变它们。"

索菲亚·罗兰并没有因为别人的议论而去改变自己,她将这些压力都转化为动力。从1950年进入演艺界开始,她先后接拍了60多部影片,就在这个过程中她的演技得到了很好的锤炼,同时她的善良和纯情也打动了观众。在1961年的时候,索菲亚·罗兰获得了奥斯卡的最佳女演员奖,最终她成为了一位世界著名的影星。

而就在索菲亚·罗兰取得成功的时候,在之前那些关于她不好的评价全部销声匿迹了,甚至到了最后她的体态成了选美的标准。而在20世纪末,已经到耄耋之年的索菲亚·罗兰还被评为了世界上最美丽的女性之一。

索菲亚·罗兰认为自己之所以能够取得如此辉煌的成绩,就是因为她坚持了自己,她说:"我不去模仿任何人,我也不会向奴隶一样去跟着时尚走,我只要做我自己。"同时她还说,"如果你能够将自己独特的一面展现出来的时候,那么你的魅力也就随之而出现了。"

　　索菲亚·罗兰的成功就是因为敢于做自己，她在面对别人嘲笑的时候能够顶得住压力，她并没有因为别人的语言而去抱怨自己的长相，相反，她还决定依靠自己的实力去证明自己。最终她经过不懈的努力实现了自己的愿望，取得了成功。试想，如果当初她听从了别人的话做了一定的整容手术话，那么或许她就无法取得现在的成功了。此时索菲亚·罗兰也就不会取得如此的成就了，她或许无非就是一个二流的演员。

　　其实每个人都有自己的个性，没有必要通过模仿别人而取得成功。

　　一个聪明人就是敢于做自己的人，他能够不断地坚持自己。每个人都是一个独立的个体，而自己的个人魅力和个人气质就是最大的优势，这些都是别人无法模仿的。每个人都是这个世界上独一无二的，谁都无法替代。人只要能够坚持自己，能够坚持走自己的路，那么最终就能够取得属于自己的成功。一个敢于活出自我本色的人，就能够成为自己生命的主角，就能够成为命运的主宰者。古语说得好："刻鹄不成尚类鹜，画虎不成反类犬。"

　　其实无论是权力还是名誉都是一些身外之物，只有做真实的自己才是最重要的。一个人活在这个世界上，如果太在乎别人的感受，总是因为别人的感受而去改变自己或者委屈自己，说一些自己不喜欢的话，做一些自己不喜欢的事情，那么这个人就会感觉非常痛苦。人生中我们需要学会做自己的主人，要懂得审视自己,按照自己的个性去走属于自己的路。

　　世界上的任何人都要敢于做真实的自己,不要只是抱怨,更不要因为别人的言论而放弃自己的想法。自己选择的路也许很热闹,也许很寂寞,但是毕竟是自己选择的路,在这条路上人们会坚持下去。

　　一个聪明的人知道自己该在什么时候去做什么事情,而不是一味效仿别人,其实敢于去做自己就是能够成功的表现。

退出，做事情要想好退路

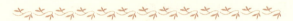

　　我们需要义无反顾地去做一件事情，无论这件事情是成功还是失败。但是，我们任何时候都要给自己留好一条后路，不要等到输得一塌糊涂的时候，然后叫天不应，叫地不灵，此时哭泣已经没有了任何意义。如果你还在青春的路上，那么就要时刻想着给自己留好一条后路，这样你反而会走得更稳健。

　　我国古代有一句俗语："狡兔死，走狗烹；飞鸟尽，良弓藏。"这其实在提醒我们，任何时候我们要见好就收，要懂得急流勇退，给自己一个善始善终的可能。

　　喜欢下棋的人都懂得这个道理：退得巧妙有时候比进攻更为有效。如果我们在获得成功的时候，能够懂得见好就收，或许我们能够保全自己。一般情况下，好运和厄运总是相辅相成的，很多人都是经历了成功之后，运气就开始猛烈下降，很有可能会因为成功之后的不知进退而摔得七零八碎。

在我国古代有很多人在立下大功之后却招致了杀身之祸，这其中韩信就是非常出名的一个。当年刘邦在战胜项羽之后，很多人都懂得急流勇退的道理，做事情的时候都非常谨慎，但是韩信却不知道见好就收，他自认为自己对汉朝很有功劳，所以做事情总是不知进退，最后落得个"兔死狗烹"的下场。

而在当今的商业竞争中同样有这样的例子。1997年的时候，网吧在城市里逐渐红火了起来，很多人都开始经营网吧，王德国和赵启明也筹集了10万元开始经营网吧了。那个时候的电脑还很贵，于是他们委托一家电脑公司以4000元的价格，组装了20台电脑，该公司还承诺保修三年。

为了能够节省一些房租，王德国和赵启明在一个居民小区里找到了一间办公地间。因为这个居民区不是繁华地段，所以房租很便宜，每个月只有1500元，他们一口气就租了三年。

就这样，王德国和赵启明一起紧锣密鼓地筹划着他们的网吧，他们还给网吧起名为"扬州网吧"。当时网吧还是个新鲜的事物，而且居民区中的住户本来就多，很多人就到他们的网吧里面玩。而当时公安和有关部门正在清理一些"电子游戏厅",所以网吧的生意非常好。

当时王德国和赵启明的"扬州网吧"每天营业15个小时,一个小时的上网费是8元钱。没有几年时间,他们两个人都进入了小康生活。而在三年之后,城市里面的网吧开始多了起来,很多网吧为了能够争夺到客源,于是他们纷纷调价,上网的费用也是从8元跌到了6元,最后4元一小时。

这个时候王德国和赵启明的扬州网吧面临着新的挑战:电脑的三年免费维修期已经到了,现在电脑出了毛病他们都要请人来修理;所在小区的房东因为物价上涨等原因要给他们涨房租;而且他们网吧的电脑都是旧电脑,很多人都因为这个原因选择了其他的网吧。

王德国做事情比较保守,他认为此时网吧的竞争太过于激烈,而且经营的费用又大,已经和当年没有办法比较了,所以他决定退出了,他建议将网吧转让给别人,让别人去经营。

当时,赵启明和王德国的想法完全相反,他坚持还要经营网吧。于是两个人将这些年赚来的钱全部分掉,然后各自去追求各自的想法去了。

这一年,赵启明又和房东签订了一年的合同,每个月的租金此时已经是3000元了。赵启明的打算是先经营着,然后找到更为便宜的地方就准备搬家。但是此时发生了一些意想不到的事情，让他倍感灰心。

当时因为网吧太多，于是管理部门下令，已经开业的网吧不能随意更换地址。这个消息对于赵启明来说简直是致命的，他也只能背着这样的高房租继续经营自己的网吧。而且当时管理部门还规定网吧必须正规化，其中一条就是电脑的数量不能少于30台，于是赵启明又不得不追加了一些投资，买来了一些新设备。

而让赵启明更为痛心的是，当时网吧有一种恶性竞争的存在，竞争对手之间相互拆台、互相砸价，上网的费用迅速跌到了2元每小时。

赵启明也只能硬着头皮打出了"每小时2元，包夜8元"的广告。而此时家用电脑和网络也开始普及，网吧的生意变得越来越惨淡。最后赵启明算了一下账，在王德国离开之后，他一分钱都没有赚到，反而搭进去了很多。而此时全身而退的王德国给自己办了报亭，每天卖报纸，虽然赚得不多，但是小日子很滋润。

其实人生充满着起起伏伏，我们应该懂得在我们最为得意的时候为自己想好退路。任何行业都有饱和的时候，而此时就是我们全身而退的时候。

如果我们所经营的事业是任何人都能干的，当竞争处于白热化的时候，我们就要懂得及时隐退；同样如果我们所经营的事业虽然门槛比较高，但是一旦我们进入了巅峰状态，此时也要考虑退出了，不要急着给自己增加投资，渴望再火一把。

无论做任何事情我们都要懂得急流勇退，我们的成功在到达高峰之后，就要开始盘算着给自己找一条稳妥的后路了。

俗话说，识时务者为俊杰。其实为了自己的前途，每个人都有必要给自己找好几条后路，这样才不至于在失败来临的时候显得手足无措。

吕尚（我们平常说的姜子牙）就是这样一个人，他是我国古代著名的政治家和军事家。姜子牙生活在商朝末年，当时纣王无道，社会矛盾非常激烈。而西岐的周文王却是一代明主，得到了广大百姓的支持。其实刚开始姜子牙在商朝做一个小官，但是他看到了商朝的颓势，于是一直给自己寻找着退路，最终他得到了周文王和周武王的赏识，成功辅佐周武王建立了周朝。

真正的智者懂得急流勇退的道理，很多人在做事情的时候总是不为自己的未来考虑，结果到最后就显得手足无措。我们做任何事情都应该将眼光放长远，为自己谋得更大的发展。

退避，换来下一次的反弹

退一步，海阔天空。

退一步不是懦弱，也不是不思进取。退一步只不过是为了更好地前进。在失意的时候懂得退让，那么就会迎来更为广阔的明天。试一试，今天的一丁点儿退让，会迎来明天更为强力的反弹。只要你坚信这个道理，那么你就能够做到。

将拳头缩回去并不是完全意义上缩回去，而是等待着时机从而更有力地击出。在我们的生活中，有的时候懂得退一步，却能够在恰当的时机里向前迈出好几步，这其实就是最高明的办事技巧。

其实这种让步里包含着很大的文章。我们先来看一个古时候的"退避三舍"的故事。

在春秋战国的时候，晋国的公子重耳因为遭受到了诬陷，所以被迫离开了晋国，开始了逃亡的生活。在他逃亡的过程中，他受到了楚成王的厚待，当时他就承诺：如果有一天他能够当上君主，那么晋国和楚国将永世修好；如果万一两国交战了，那么晋国的军队一定会退避三舍，从而来报答楚国对他的恩情。在当时楚成王并没有将这句话当一回事，只是一笑了事。

后来，重耳在秦国的帮助下居然真的坐上了王位，成为了历史上著名的晋文公。在公元前634年，楚国因为宋国投靠了晋国的原因，派出成得臣率领军队攻打宋国。宋国向晋国求救，晋国最终决定派出军队攻打楚国的同盟国曹国和卫国。

当时晋国的实力稍微弱于楚国，而且晋国是远离本土作战，虽然已经占领了曹国和卫国的一部分土地，但是比起强大的楚国来说还略逊一筹，好在当时晋国和秦国、齐国结成了同盟。后来晋国和楚国的军队直接要作战了，此时狐偃提醒晋文公说："当初你在楚国做客的时候，曾经给楚王许过诺，说是两国之间不会有战争，如果一旦要交战，我们就要退避三舍。现在我们可不能失信于他们啊。"晋文公听完之后久久没有说话，当时身边的很多大臣都反对退避三舍，但是狐偃说："成得臣虽然是一个狂妄之辈，但是楚王毕竟对我们有恩，我们退避三舍是对楚王的感谢，并不是因为打不过楚国的军队。"大家听后都认为狐偃的话有道理。

晋文公最终还是答应了狐偃的请求，选择退避三舍。楚国的军队见晋军退避三舍，以为是晋军害怕他们，所以他们就在后面追杀。当时晋军虽然在撤退，但是将士们看到气势汹汹的楚军心中早就狠下决心，一定要杀回来。晋军一口气退了九十里，然后安营扎寨。此时成得臣的战师也到了，他要和晋军第二天决一死战。

第二天，交战开始了。当时晋军的主帅是先轸，他派出三军中的下军去攻打陈、蔡联军组成的楚军中的右军，这是楚军较为薄弱的环节，晋军的一个冲锋就冲垮了他们的防线。紧接着先轸又派出上军主将狐毛假充晋军主帅，迷惑对方。楚左军主将斗宜申看见晋军主帅旗，即指挥兵士冲杀过来，狐毛抵挡几下假意败逃。斗宜申不知是计，从后面追了上来，眼看就要追上的时候，听到了一阵鼓声，晋军的主帅先轸率领着精锐部队杀了出来，狐毛此时也率队反击。楚军顿时乱作一团，成得臣看到这个情势，赶紧收兵。

其实在这次战役中，晋军的退避三舍看起来是一个让步的做法，实际上却取得了进攻的机会。当时，狐偃的主张看起来有点示弱，一点也不咄咄逼人，但是他表面上的退步却换来了之后的向前进攻。

其实做任何事情都是这样，有进有退，这其实就是成功的必经之路。世界上只有鲁莽的人只知道有进无退地做事，表面上看起来非常勇猛，但是他们的这种做法是成事不足败事有余。

著名的"刺猬理论"其实也能够说明这个道理。刺猬浑身都长满了针一样的刺，天气冷的时候它们一旦靠在一起，就会被对方身上的刺刺痛。但是，有心人对此进行了观察，发现它们在相互依靠的时候总是留着一定的余地，这样的距离不会刺到对方，它们这种适当的距离不仅能够给它们带来温暖，还不会伤害到其他刺猬。

其实，当我们和某人争执不下的时候，适当地选择退避也是一种很好的方法，这样做不仅不会伤害到双方的感情，而且还给自己留有了一定的余地。我们身边那些争强好胜的人，我们和他们相处的时候，就没有必要和他们一样针锋相对地做事，我们要懂得适当回避他们的锋芒。

当我们被误会的时候，回避反而能够显示出我们的宽容和大度。生活和工作中被人误会是很常见的事情，一些心胸狭窄的人总是将别人的无意当作了恶意，从而开始误会对方。其实此时我们没有必要和对方恶语相向，想明白了就会发现都是一些鸡毛蒜皮的小事。

"刺猬理论"中所展现出来的适度原则其实就是我们为人处世的真谛。我们如果想要达到这样的境界，就必须做到如下的几点：首先，我们在待人处世的时候要做到不卑不亢；其次，我们要成为一个不歪不斜的人；然后，办事情的时候要把握不偏不倚的原则；最后，在交朋友上要做到不亲不疏。如果做到了这四点，我们就可以顺利处理很多事情了。

失去，经历了才懂得珍惜

在电影《大话西游》中有这样一段经典的台词："曾经有一份真挚的爱情放在我面前，我没有珍惜，等到失去的时候才后悔莫及，人世间最痛苦的事莫过于此。如果上天能够给我一个再来一次的机会，我会对那个女孩子说三个字：我爱你。如果非要给这份爱加上一个期限，我希望是……一万年！"

在看到这里的时候很多观众都会感动，甚至感觉到悲痛。因为很多人都有过类似的经历，他们通过这段话看到了自己。很多人都是这样，在拥有的时候不懂得珍惜，等到物是人非的时候就开始后悔。

失去就是将本来应该属于自己的东西弄丢了。其实那些失去的东西，很长一段时间里都在如影随形地跟随着我们，但是自己却没有特别的感受，等到这些都离开我们的时候，才开始懂得后悔，但是此时为时已晚。

战国时期，楚国的大臣庄辛有一天给楚襄王说："君王宠信小人，一味过着毫无节制的生活，不理国家政事，这样的话就很容易导致危险的发生。"楚襄王对庄辛的话不以为然，于是庄辛又说："如果君王继续下去，那么楚国就有灭亡的危险了。我现在希望您能够准许我到赵国去避避难，我在那里会时刻观察楚国的变化的。"

于是，庄辛离开了楚国去了赵国。他在赵国住了5个月，就在那时秦国开始攻占鄢、郢、巫、上蔡、陈这些地方，而楚襄王也流亡到了城阳。此时楚襄王才想起了庄辛的话，于是到赵国去请庄辛，庄辛来到城阳见到了楚襄王。楚襄王问他说："我现在非常后悔当初没有听你的话，现在事情发展到了这个地步，你说该怎么办呢？"庄辛于是回答说："我知道一个道理，当看到兔子的时候再放出猎狗并不晚，同样当羊丢失了再去补羊圈也并不晚。"于是庄辛开始给楚襄王分析当前的形势，楚襄王完全按照庄辛的部署，并且封庄辛为阳陵君，委托他处理所有的事务，过了没多久，庄辛就帮助楚襄王夺回了淮北的失地。

楚襄王本是一个一意孤行的人，他在经历失败与庄辛离开的境遇之后，才认识到了庄辛的重要性，但是最终他做到了"亡羊补牢"，也算是幸运的。

人生中其实有很多事情，都是在经历了失去之后才懂得珍惜，因为失去了，我们才开始重视眼前的人或者事物。失去有时候并不是一件重要的事情，最怕的是失去了却不知道珍惜，这就是最可悲的事情了。

虽然说经历了失去才懂得珍惜，但有时候我们还是可以去规避这种失去，我们没有必要每一件事情都经历一下失去。古人已经给了我们太多的教训，没有必要再去尝试失去。

一个人经历了失去，其实也是一种人生经验，这会让我们领悟很多。人生中的很多事情是可以回头的，但是也有一些事情无法回头，所以我们没有必要去刻意追求这种失去，我们应该更懂得在没有失去的时候就感受到了珍惜。如果非要等到失去之后再去珍惜，那就是非常悲哀的一件事情了。

现在，是不能遗失的美好

　　一个人如果只是懂得回忆，那么他就会产生羞耻和悔恨感。同样，如果一个人只是懂得展望未来，那么他就会感觉到失望甚至是恐惧。所以我们需要将注意力全部转移到现在上，全身心投入于其中，那么我们才能够有真切的感受。我们的所有注意力都放在现在的事情上，看到现在的真实面目，那么对我们的工作就会有现实的指导意义。

　　其实一个人应该懂得先过好现在，然后再去憧憬未来。

　　牛晓健和他的女朋友月华已经相处有一段时间了，他们相亲相爱，而且经常在一起，他们是朋友圈子中值得人们羡慕的一对。但是令人没有想到的是,月华在前不久告诉所有的朋友,她和牛晓健分手了。这个消息让所有人都大吃一惊,他们不知道到底发生了什么。后来月华非常伤心地对他们说:"牛晓健在一家外企工作,现在这家企业在温哥华开了一个分公司,所以总部希望牛晓健能够过去深造一段时间,然后等到回国之后就会给予他一个不错的位置。这对于牛晓健的前途来说是一件非常好的事情,于是他就同意了。"月华接着讲道,"以前我们两个总是在一起,形影不离,现在他走了,就剩下我一个人。虽然牛晓健一直在给我打电话,然后憧憬未来的生活是多么美好,但是毕竟现在我们过得不幸福。就算是生病了也要我自己一个人面对,所以我过不下去了,就提出了分手。"

而后来一些朋友们也和远在温哥华的牛晓健通了电话,他默认了月华的观点。在温哥华的牛晓健也非常疲惫,每天下班之后都是一个人默默回家,就算是未来有多么地美好,但是现在他也感觉不到幸福,未来的生活都是一片虚无。其实爱情的意义并不在于能够畅享永恒,而关键是能够在一起过得幸福。

在我们身边的很多人都认为:"等到我有什么什么了,就会变得很幸福。"他们的这种思维让自己备受煎熬。其实如果不能够过好眼前的生活,那么再美好的未来都无济于事。我们需要把握好现在,未来只不过是一个憧憬,不具有真实感。如果我们陷入了对未来的无限遐想中，那么我们就会忽视现在的幸福，而美好的未来甚至也因为这种忽视不复存在。

其实每个人的命运并不像想象中的那么坚强，如果偏离了之前的轨道，那么后果就不堪设想。所以我们需要适当放下一些对未来的憧憬，然后好好珍视现在，那么才能够把握现在的幸福，才能够真切感受到幸福。

贺拉斯曾经说过："把每天都想象成这是你的最后一天，你不盼望的明天将会显得珍贵与欢喜。"我们需要珍惜眼前的一切，而这样我们才能够拥有幸福，才能够期待更美好的未来。

人们通过仔细观察会发现，在人生的每一个阶段我们都会同时拥有很多东西，如果我们懂得珍惜眼前的这一切，那么就会拥有幸福的感觉。时间其实是上天送给每一个人的公平的财富，所以我们要懂得合理利用它。如果我们懂得珍惜时间，懂得在时间中积累知识，那么我们就会有很大的收获。

我们眼前的这一切其实承载着很多东西，甚至还连接着未来，是最为可靠的东西。所以我们要抓住当下，我们要懂得珍惜现在，只有这样才能够纠正以往的过错，才能够从以往的失败中汲取经验，最终创造出美好的未来。所以，我们不要被未来所囚禁，更不能在对未来的憧憬中迷失自己，其实最值得珍惜的幸福一直在我们身边。

一个懂得珍惜现在的人才会拥有幸福和希望。

有一位著名的哲学家，他长相非常俊俏，气质非常高雅，他受到了很多女孩子的崇拜和敬仰。

有一天，一位大家闺秀来拜访他，并且向他表达了爱意。女孩子对他说："如果你今天错过了我，那么你再也找不到比我更爱你的人了。"虽然哲学家当时很喜欢这位美女，但是他还是说："既然这样就让我考虑考虑吧。"女孩子听到这句话之后就离开了。而等到女孩子走了之后，哲学家就陷入了沉思之中，他将自己和这位女孩子结婚的利弊全部都罗列了出来，并且进行了详细的比较。在几天之后他终于得到了结果，那就是他应该和这位女孩子结婚。

于是哲学家带着丰厚的彩礼到女孩子家中来提亲，而女孩的父亲却说："你来得有点晚了，我的女儿已经嫁给了别人。"哲学家听完这句话之后呆若木鸡，他没有想到正是因为自己对未来的不断斟酌，或者说他的迟疑让他断送了一门非常好的亲事。而此时他也终于明白了一个道理，一个人只有懂得把握当下的幸福，才能够拥有真正的幸福。

其实在我们的身边有很多"哲学家"这样的人，他们有很多计划，也会对自己的未来进行严格的规划，但是他们却不懂得把握当下，所以导致最重要的东西从他们的身边溜走。一个人如果处于寒冷的冬季中，那么他就渴望夏天的到来。同样如果一个人处于闷热的夏季中，那他就渴望凉爽的天气。虽然这是人之常情，但是如果一味只是在期望，那么就会丧失很多幸福。

我们没有办法控制未来，未来会怎样我们不得而知，如果我们只是将精力放在对未来的猜测和揣度上，而忽视了现在的感受，那么我们始终无法拥有幸福。就好比一个登山的人，登上山顶是他的目的，而如果他忽视了登山过程中需要一步一个脚印，那么他就很难达到峰顶。